何謂運動必要的動作

各項運動需要各種必要的身體動作方能成立。不同的競技項目有著不同的動作，我們一起來看看吧！

田徑

這是在固定距離內比賽誰的速度最快的競賽，因此是百分之一秒的競爭。男子一百公尺賽跑世界紀錄（九秒五八）保持人尤塞恩．波特（Usain Bolt）的最高時速可達約四十五公里。圖為台灣一百暨兩百公尺紀錄保持人楊俊瀚，被封為「台灣最速男」。

影像來源／Athletics Federation of India via Wikimedia Commons

柔道

使用 68 種「投擲技」，以及包括寢技、關節技在內的 32 種「固定技」，在 4 分鐘之內制服對手取得「一本（一勝）」。

影像來源／Roberto Castro/Brasil2016.gov.br, via Wikimedia Commons

足球

要把球踢進對手的球門裡，當然也需要準確的傳球與射門。上半場與下半場共計 90 分鐘的時間內必須持續奔跑，因此需要相當的體力。

影像來源／Антон Зайцев via Wikimedia Commons

衝浪

使用長度超過 180 公分的衝浪板進行比賽，看誰能夠在變化多端的海浪上展現各項技能。

影像來源／Water Dancer Photos via Wikimedia Commons

影像來源／Martin Rulsch via Wikimedia Commons

BMX 小輪車

自由操控 20 英吋自行車的競賽。在賽道上比的是「競速賽」，另外還有比特技技巧為主的「自由式比賽」。

腦驅動肌肉 把力量傳送到骨頭與關節

我們來看看腦是如何下命令操控身體的吧！

腦發出命令

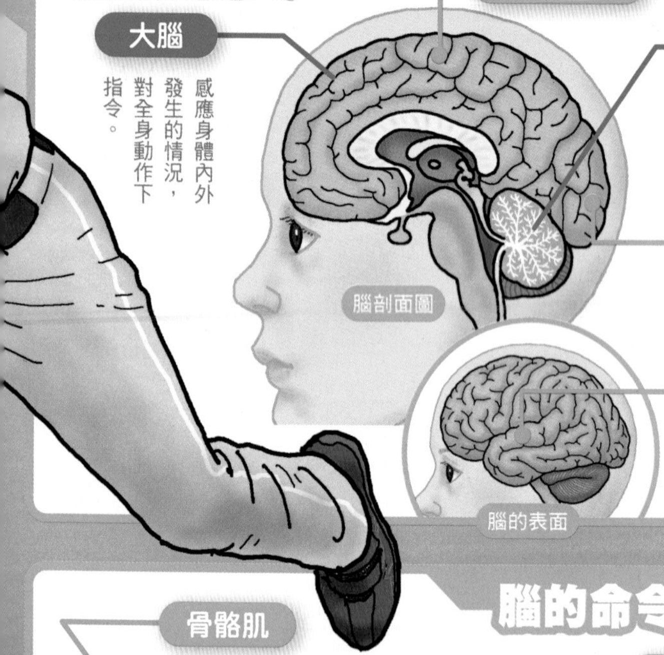
大腦
感應身體內外發生的情況，對全身動作下指令。
運動皮質區
對全身的肌肉下指令。
小腦
控制肌肉的細微動作，調整身體平衡。
視覺皮質區
接收眼睛看到的東西，辨識資訊。
聽覺皮質區
接收耳朵聽到的內容，辨識聲音。
腦剖面圖
腦的表面

腦的命令傳送到肌肉

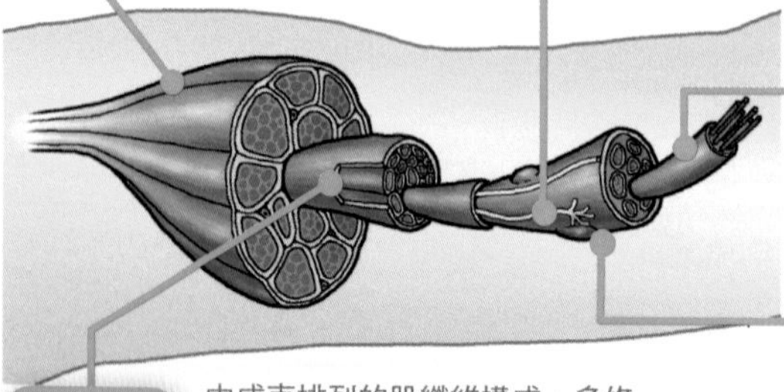
骨骼肌
帶動骨骼活動的肌肉，藉由肌腱與骨頭連在一起。
運動神經
把腦所下的指令傳送到肌肉。
肌原纖維
腦下令收縮，整個肌肉於是跟著收縮。
肌纖維
由肌原纖維組成的細長細胞。
肌束
由成束排列的肌纖維構成，多條肌束組成的就是骨骼肌。

肌肉帶動骨頭

支撐身體的骨頭與骨骼肌靠肌腱相連，透過骨骼肌的伸展收縮，促使關節活動。

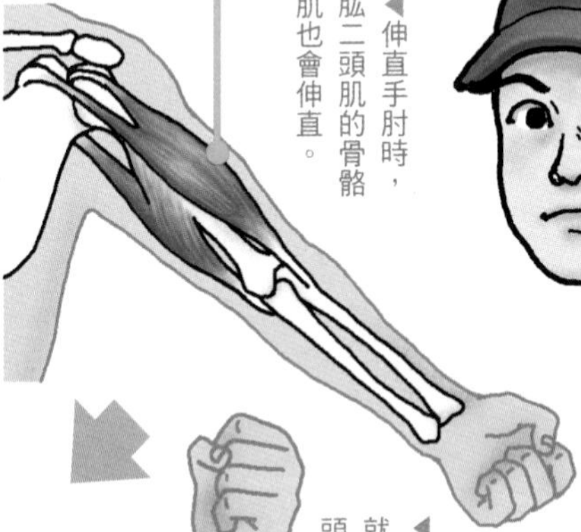
肱二頭肌

◀伸直手肘時，肱二頭肌的骨骼肌也會伸直。

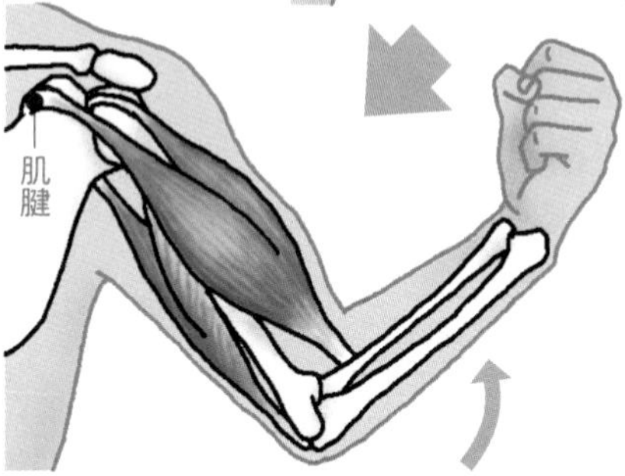
肌腱

◀肱二頭肌收縮時，就能夠抬起前臂的骨頭，彎曲手肘。

連接骨頭與骨頭的關節活動

關節配合骨頭的活動彎曲或旋轉，就能夠產生各種動作。

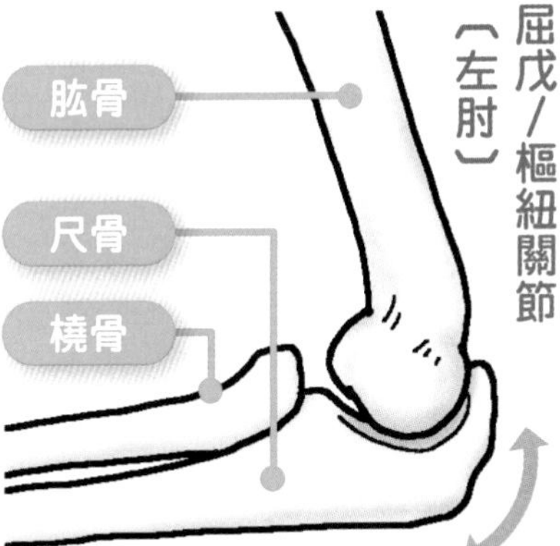
屈戊／樞紐關節（左肘）
肱骨
尺骨
橈骨

▲由一凹一凸的骨頭所構成，只能夠往單一方向屈伸。

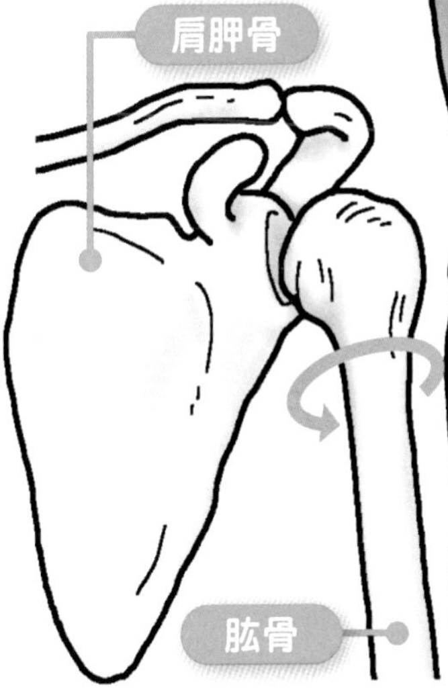
杵臼關節（左肩）
肩胛骨
肱骨

▲形狀就像杵與臼，不僅能夠前後左右移動，還能夠彎曲或旋轉。

插圖／杉山真理

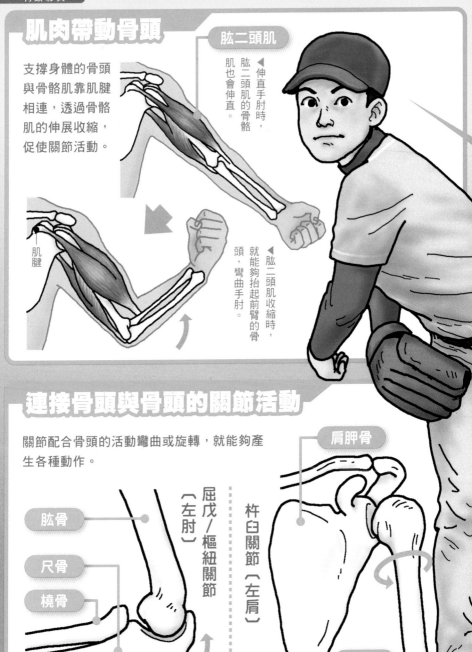

插圖／杉山真理

跑步時不僅要用腳，也用到全身

跑步的動作不是只有腳在動，整個身體都會跟著動。雙臂用力擺動產生力量扭轉腰部，雙腿再利用這個扭轉前後擺動。此時，膝蓋與腳踝放鬆，只靠髖關節的動作擺動雙腿的話，腳就能夠像鞭子一樣快速移動。

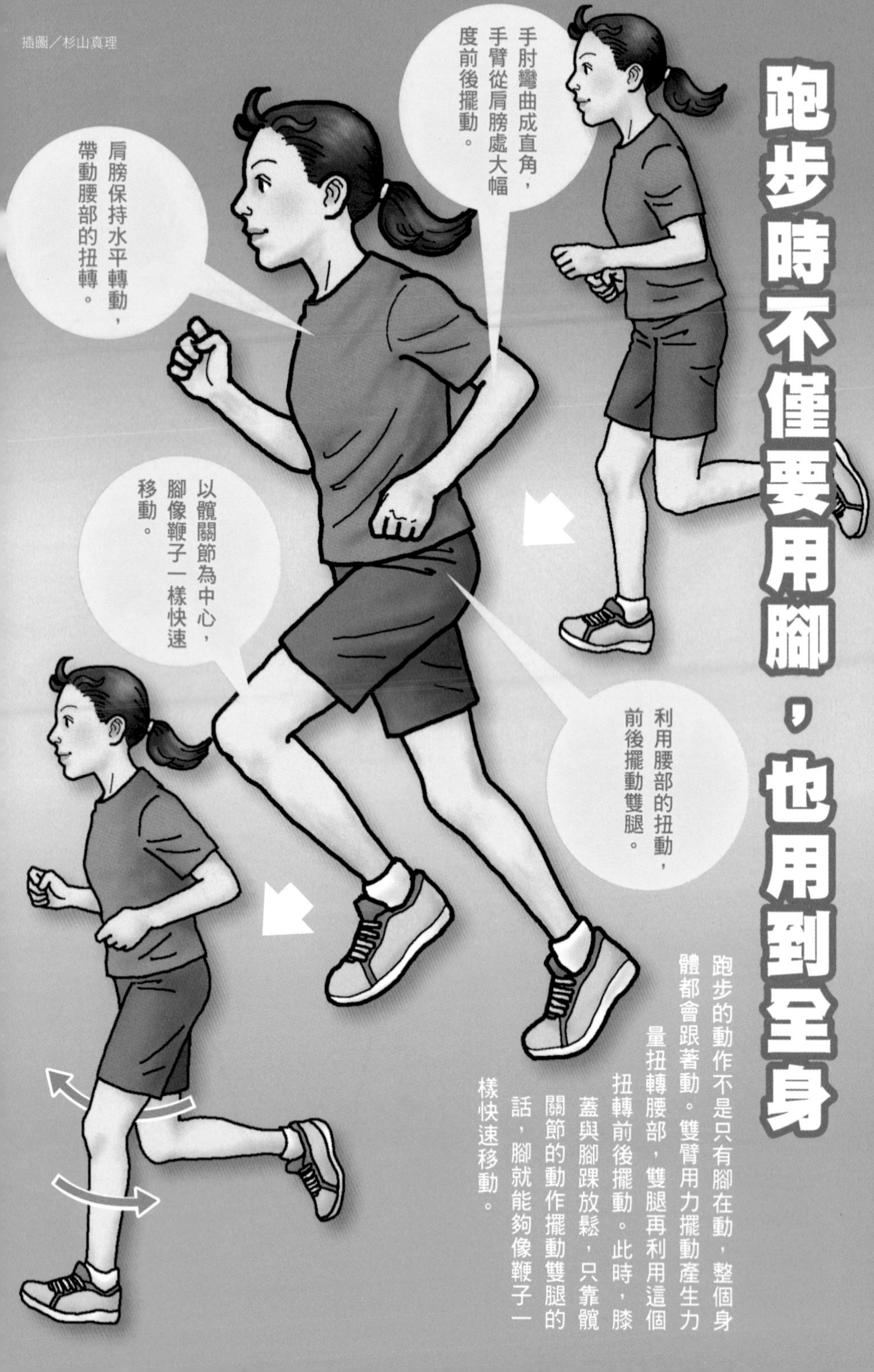
手肘彎曲成直角，手臂從肩膀處大幅度前後擺動。
肩膀保持水平轉動，帶動腰部的扭轉。
以髖關節為中心，腳像鞭子一樣快速移動。
利用腰部的扭動，前後擺動雙腿。

哆啦A夢科學任意門

DORAEMON SCIENCE WORLD

運動高手鍛鍊機

哆啦A夢科學任意門
運動高手鍛鍊機

目錄

刊頭彩頁

用手的球類

用腳的球類

揮舞工具的球類

操控交通工具的競賽

「釋放」的競賽

射擊競賽

馬術競賽

後記

關於本書

《哆啦A夢科學任意門：運動高手鍛鍊機》出版的用意，是為了讓讀者在閱讀哆啦A夢漫畫的同時，認識各式各樣的運動，進而產生興趣。本書從科學的角度，說明體育賽事選手如何運用他們的身體進行競賽，也簡單提及該項體育賽事成立的過程、比賽規則、如何訓練等。此外，也介紹為了刷新紀錄而不斷進化的運動器材。本書囊括了四十種以上的競賽項目，包括田徑、游泳、棒球、足球、英式橄欖球、網球、高爾夫球、柔道、空手道、體操、自行車、衝浪、單板滑雪、攀岩等，也包括二〇二〇年東京奧運（已延後到二〇二一年）首次納入的競賽項目。

讀完本書，你在電視上觀賞體育賽事時，就能夠更深入理解運動的樂趣。而接下來打算開始運動的人，也可以透過本書找到適合自己的項目。運動是我們一輩子的好朋友，有些人長大後仍在持續小時候接觸過的運動，透過運動甚至還能認識許多朋友。各位何不趁著這個機會，找出適合自己的運動呢？

※沒有特別標示的資料，均為二〇二〇年五月的內容。

看吧！我這超驚人的跑步方式!!
參加奧運一定會得冠軍。
一路飆到東海道，
向西跑！向西跑！
宗田屋
エリート

要踢啦。

哇！手套拉著我的身體走！
ギューン

大雄努力跑向九州!!

哇～～跑步機耶！
你買的啊？
跑步對身體健康很好。
我想稍微鍛鍊一下自己呢。
我也覺得最近似乎有點變胖了呢。
我也是。
有了這個，我就不會那麼討厭運動了。
每當有什麼新奇的東西就會搶著用，是這家人的特徵。

然後過三天就沒興趣了。
棄置一旁，也是這個家庭的特徵。
因為很空虛嘛……
只是在同一個地方跑而已，
無聊透了。
喔…你要拿什麼？
什麼嘛~
這是未來的跑步機。
管他是未來還是什麼的，跑步機就是跑步機。

運動高手鍛鍊機Q&A

Q 男子馬拉松世界紀錄是2小時1分39秒，相當於50公尺幾秒跑完？

① 約8.7
② 約9.7
③ 約10.7

A ①約8.7秒。相當於小學六年級男生跑50公尺的平均時間，也就是全程用小學六年級男生的最快速度，跑四二點一九五公里。

運動高手鍛鍊機Q&A

Q 一千五百公尺賽跑從起跑到終點，都要跑在同一條跑道上，這是真的嗎？

A 假的。四百公尺以下的短跑規定不可以變換跑道，但是超過四百公尺的長距離田徑賽跑，可以隨意變換跑道。

乾脆調到一百倍吧！
哇啊！這速度就像噴射機一樣快。
已經到箱根了。
就算是爬坡也不會覺得累。
咦？
這裡是哪裡？
衝太快，跑到河裡去了。
能隨意跑到各地，真是有趣。
看吧！我這超驚人的跑步方式!!
參加奧運一定會得冠軍。
一路飆到東海道，
向西跑！向西跑！
エリート

運動高手鍛鍊機Q&A

Q 頂尖的跳高選手通常使用背部朝下的「背向式」起跳。這是真的嗎？

A 真的。想出背向式起跳的美國選手在一九六八年的墨西哥奧運上奪下金牌之後，這個起跳方式直到現在仍是主流。

九州到了！
我真的一路跑到九州了！
雖然跑得很累，可是真過癮！
這麼一來，我對跑步就有自信了。
哆啦A夢，你幫了我一個大忙。
謝謝你、謝謝你。
喂，大雄！
你要向前跑啊！
ピョコ
ピョコ

※跳～跳～

比賽跑、跳、投的能力【田徑】

【主要項目】路跑、田徑賽跑、跳躍、投擲、綜合

跳躍
以單腳或雙腳蹬一下地面，跳上空中。分為往前跳的比賽及往上跳的比賽。
跑步
快速擺動雙腿移動。短跑講求瞬間爆發力，長跑則需要耐力。
投擲
把手裡拿的東西丟向遠方。不同競賽，投擲的物品形狀與重量也不同。

插圖／杉山真理

短跑的「白肌」與長跑的「紅肌」

「跑步」項目中，短跑主要需要的是瞬間爆發力（立刻就能夠發揮的力量），而長跑主要是需要耐力（能夠長久持續的力量）。在我們的體內，有顏色偏白的「白肌（快縮肌）」與帶紅色的「紅肌（慢縮肌）」這兩種肌肉，能夠產生不同需求的力量。

會快速伸縮而且容易疲勞的白肌，用在需要瞬間爆發力的運動。伸縮速度慢且不易疲勞的紅肌，則是用在需要耐力的運動。白肌的特性是粗且發達，因此短跑選手多半是體格結實多肌肉的人。紅肌的肌肉厚度不太會增加，所以長跑選手多半是瘦子。

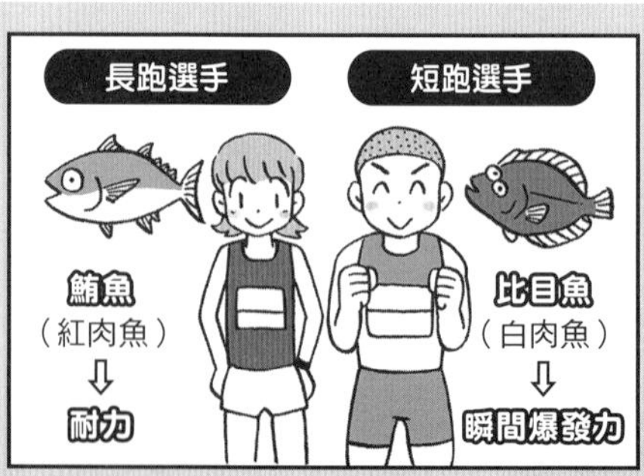
長跑選手
短跑選手
鮪魚
（紅肉魚）
⇩
耐力
比目魚
（白肉魚）
⇩
瞬間爆發力

插圖／佐藤諭

利用下半身的彈簧跳躍

「跳躍」是指以單腳或雙腳蹬地，讓身體跳向半空中的動作，大致上可分為向前跳（跳遠），以及向上跳（跳高）兩種。

兩種都需要藉由用力踏地產生的反作用力，讓下半身像彈簧般伸展，利用瞬間爆發力做出動作。這動作主要也是使用到白肌，與短跑一樣。

在踏地跳起之前加上助跑的話，就能夠跳得更高更遠。跳躍類競賽（22～23頁）中，從助跑、踏地起跳、在空中的動作到落地為止的流程，視比賽項目而有所不同，因此反覆練習、記住正確的姿勢才是關鍵。

插圖／杉山真理

▲體能測驗做「立定跳遠」時，請想像自己的整個身體像彈簧般彈出去。

投擲競賽促進人類擅長的「投擲」動作發展

「投擲」是指用手把物品拋出去的動作。其他動物無法做到人類的「投擲」動作，因此遠古時代的人類會丟擲石頭等物品進行狩獵。現行的奧運投擲類競賽（24～25頁）之中，擲標槍和鐵餅是西元前古代奧林匹克運動會就已經存在的比賽項目，歷史相當悠久。

投擲動作使用的不只是手臂力量，旋轉身體把物品拋出去，就能夠丟得更遠。尤其是擲鏈球、鉛球等重物的比賽，需要增大全身的肌肉，因此選手會透過訓練打造出鋼鐵般的體魄。

古希臘的擲鐵餅人像

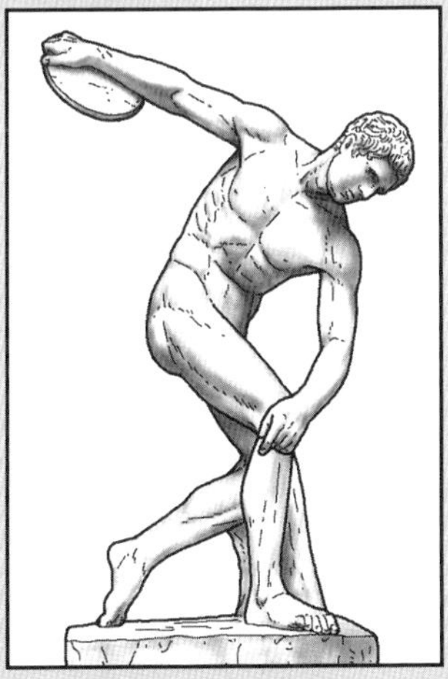

插圖／杉山真理

▲約2500年前舉行的古代奧林匹克運動會中，最受歡迎的比賽項目「擲鐵餅」，也常是藝術創作的題材。

用雙腳在長距離道路上前進【路跑】

【奧運比賽項目】馬拉松、20公里競走（以上均有男／女子組）、50公里競走（男子組）

【殘奧比賽項目】馬拉松（男／女子組）

以時速二十公里的速度持續前進 頂尖跑者的耐力

陸上競技的項目中，以一般道路為賽道的稱為「路跑」。路跑又可分為用跑的比賽（馬拉松等），以及用走的比賽（競走）。我們先來認識跑的比賽。

「馬拉松」屬於個人競賽，選手要跑完四十二點一九五公里的規定距離。另外還有跑一半距離的「半程馬拉松（半馬）」、距離比全馬更長的「超級馬拉松（超馬）」等。而為了要與這些項目區隔，因此四十二點一九五公里的馬拉松稱為「全程馬拉松（全馬）」。

馬拉松的名稱來自一個古希臘時代的故事，有一名士兵為了把打敗敵軍的捷報傳回首都，從戰地馬拉松跑回雅典，卻在喊完「我們贏了」之後氣絕身亡。一八九六年，希臘雅典舉行第一場近代奧運會時，也模仿回傳消息的過程，舉行馬拉松比賽。

來源／U.S. Army photo by Tim via Wikimedia Commons

◀二〇二〇年三月，大迫傑選手（左）以二小時五分二十九秒的成績，刷新東京馬拉松男子組的日本紀錄。

多人一組的長距離接力團體競賽，稱為「道路接力賽」。（注：「道路接力賽」是國際田徑總會的正式國際名稱。在發源地日本，一般稱為「驛站接力賽」或「驛傳」。）各場賽事設定的區間距離與總距離不同，一月舉行的「東京箱根往返大學驛站接力賽」（一般稱「箱根驛傳」）是每隊十位選手，一共跑二百一十七點一公里。

馬拉松等長跑需要耐力，主要仰賴的是身體的有氧運動機制，也就是透過飲食攝取的葡萄糖與脂肪，利用呼吸時的氧氣燃燒，轉變成動能。因此練習時最重要的，就是要打造能夠更有效率吸入氧氣的強力肺臟和心臟。馬拉松最具代表性的訓練方式，就是快走與慢跑交替的「跑走運動」。

在氧氣稀薄的高地練習也很有效，所以馬拉松選手經常採用。

插圖／杉山真理

插圖／佐藤諭

▼日常慢跑要以聊天也不覺得吃力的速度跑。

身體覺得難受的原因

長跑基本上必須維持不過於勉強的跑速，速度過快的話，呼吸會跟著過於急促，身體也會因此感到疼痛而逐漸動不起來。這是因為當呼吸太淺，身體便無法攝取到足夠的氧氣，也就無法進行有氧運動所導致。此時，身體雖然切換成利用醣類製造動能的無氧運動模式，但是乳酸累積在血液裡，就會造成肌肉收縮困難。因此長跑選手總是會保持自己的速度，直到最後關頭才加速衝刺。

水分的補充也很重要。流汗的作用是幫助身體散熱，水分不足就不容易流汗，無法阻止體溫升高，就會導致中暑。

「兩小時障礙」的挑戰與厚底鞋的衝擊

男子馬拉松的世界紀錄（截至二〇二〇年五月為止）是肯亞選手基普喬蓋（Eliud Kipchoge）的兩小時一分鐘三十九秒。基普喬蓋更曾在有大批配速團幫忙阻擋風阻的非正式比賽上，跑出了一小時五十九分四十秒的紀錄。

頂尖選手過去使用的跑鞋因為追求輕量，鞋底都很薄。但基普喬蓋選手穿的卻是「厚底」跑鞋，內有碳纖維材質，強調彈性和緩衝。後來其他選手使用後，接二連三創下新紀錄，因此成為眾所矚目的「魔法跑鞋」。（注：根據二〇二〇年一月的報導，選手因為穿NIKE此款跑鞋不斷創下新紀錄，因此國際田徑總會考慮禁用。）

▼運動用品製造商 NIKE 開發的慢跑專用厚底鞋。

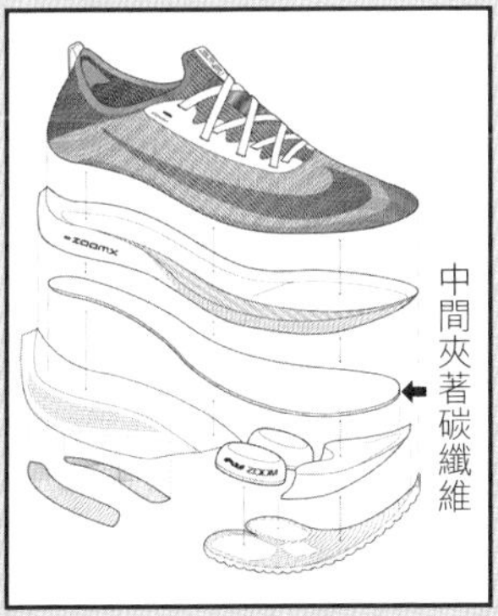
中間夾著碳纖維

NIKE AIR ZOOM ALPHAFLY
NEXT%

影像提供／NIKE JAPAN

一邊對抗嚴苛規則，一邊以馬拉松速度前進的「競走」

競走是在田徑場或一般道路上比賽「走路」速度的競賽項目。基本上禁止出現所有「跑步動作」，而且走路時必須遵循「選手必須保持一隻腳在地面上，雙腳不能同時離地」，以及「前腳落地之後，腰腿必須保持直線，膝蓋不能彎曲」這兩項規定（也就是步法）。

比賽時，評審會檢查步法，疑似違規就舉黃牌，明顯違規就舉紅牌警告，累計三張紅牌就出局。在奧運等大型賽事上，為了防止選手在最後衝刺時違規，因此在終點線前一百公尺拿到一次警告就會被判出局。競走這項困難的競賽，比的不只是排名和紀錄，也是在挑戰嚴格的規則。

頂尖選手平均的步行速度是時速約十四公里（一般步行的三倍）。如果比的是全馬的距離，大約三小時可以完賽，速度與跑馬拉松差不多。

這個速度來自於獨特的步行方式，選手必須扭腰用全身快走，而不是只靠腳。首先把身體重量放在筆直踏出的那隻腳上，再順勢把全身向前推，這麼一來，沒有出力的另外一隻腳會自然往前挪，身體重心也會挪到那隻腳上，接著再不斷反覆同樣的動作。此時，手臂必須積極擺動，帶動腰部扭轉，才能夠更有效率的移動雙腿。

影像來源／Degueulasse via Wikimedia Commons

▲競走步行時，必須保持有一隻腳隨時與地面接觸。鈴木雄介選手（上）創下男子二十公里競走的世界紀錄。

違反步法規則時的「警告標誌」
離地：腳沒有接觸地面。
膝蓋彎曲：觸地的腳在與地面垂直之前，彎曲了膝蓋。
以上兩者都屬違規。

插圖／佐藤諭

踹一下地面，在田徑場上奔馳【田徑賽跑】

【奧運比賽項目】100m、200m、400m、800m、1500m、5000m、10000m（以上均有男/女子組）、110m 跨欄（男/女子組）等
【殘奧比賽項目】100m、200m、400m、800m、1500m、5000m（以上均有男/女子組）、4×100m 接力（男女混合）

從一百公尺到一萬公尺！比賽看誰跑得最快

影像來源／Eckhard Pecher (Arcimboldo) via Wikimedia Commons

▲五千公尺賽跑的賽況。短跑必須在固定的跑道上前進，中、長跑則可以變換跑道。

陸上競技中，在一圈四百公尺的田徑場賽道上進行的比賽，稱為「徑賽」。根據賽跑距離，四百公尺以下稱為短跑，八百公尺到一千五百公尺為中跑，一千五百公尺以上的稱為長跑。另外還有跨欄跑、障礙跑，以及接力跑。

起跑時，短跑項目是以雙手觸地的「蹲踞式起跑法」起跑，這種姿勢會比站著起跑更適合衝刺。另一方面，中長跑項目則與馬拉松等路跑同樣採「站立式起跑」。

另外，關於起跑的準備，短跑分為「各就位→預備→槍響」三階段，中距離以上的項目則只有「各就位→槍響」兩階段。

▼短跑使用的起跑架可調整雙腳放置的位置。

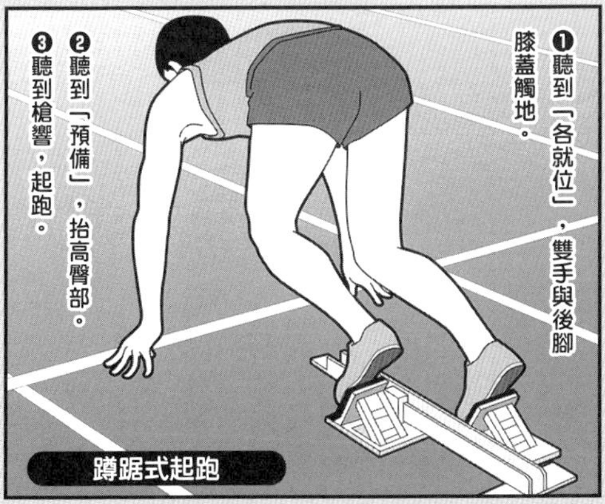
❶聽到「各就位」，雙手與後腳膝蓋觸地。
❷聽到「預備」，抬高臀部。
❸聽到槍響，起跑。
蹲踞式起跑

插圖／加藤貴夫

短跑的過程

短跑比的是小數點後的秒數。我們以一百公尺短跑為例，一起來瞧瞧選手們在跑道上是什麼情況。

用蹲踞式起跑法起跑時，身體是稍微往前傾，起跑後不立刻將頭抬高，快速交替雙腳，逐漸加速。跑到二十至三十公尺之後才慢慢挺起上半身，加大步幅全速奔跑。來到六十至七十公尺處達到最高速度，保持雙腳交替的速度和步幅大小直到終點，盡量避免後半段速度下滑。跑步的重點在於能夠把速度提升到多快，以及最高速度能否維持。

插圖／加藤貴夫

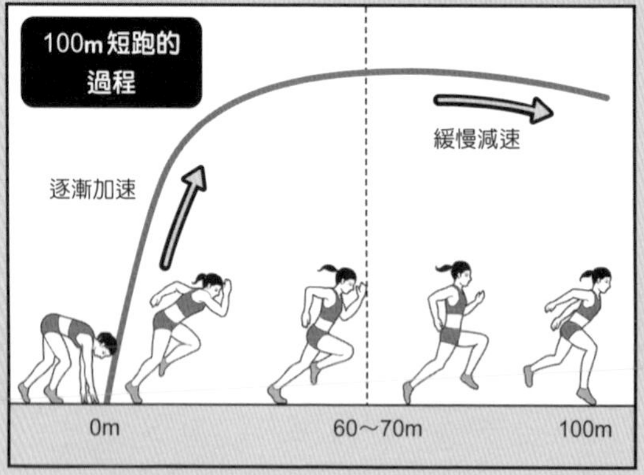
100m短跑的過程
緩慢減速
逐漸加速
0m
60～70m
100m

交接棒技巧會影響輸贏的接力跑

接力跑是由四名選手傳遞接力棒賽跑。由第二名跑者起，在交接棒範圍必須事先加速並接棒，因此不只是個人的跑速很重要，訓練交接棒的技巧也很重要。

二〇一六年奧運男子4×100公尺接力項目，日本隊採用「上挑式傳棒」的方式奪下銀牌。一般在交接棒時，都採用「上挑式傳棒」或是「下壓式傳棒」這兩種方式，但其實最關鍵的，是接棒者衝刺的時機。

▼接棒者手臂往後大幅度抬起，因此容易影響跑步姿勢。

下壓式傳棒

▼接棒者手臂位置在自然的高度，因此不易影響跑步姿勢。

上挑式傳棒

插圖／杉山真理

既要跑又要跳的跨欄跑、障礙跑

跨欄跑就是，選手一邊跳過跑道上設置的十個欄架，一邊賽跑的競賽。跨欄時，不是往上跳高，而是要盡量以比較低的姿勢讓身體向前移動。

男子一百一十公尺與女子一百公尺跨欄的欄架間距通常是三步，因此一般會以同一隻腳跨欄。另一方面，四百公尺跨欄的欄架間距是三十五公尺，有時無法配合步幅，因此有些選手不一定都用同一隻腳跨欄。

奧運比賽項目的「三千公尺障礙賽」除了必須跨越欄架障礙物，還要越過水池。這個項目的障礙物都很笨重，因此跨越時可以手腳並用。

插圖／加藤貴夫

爭搶位置的中、長跑

田徑場的跑道寬度為一百二十二公分，短跑規定從頭到尾必須跑在同一條跑道上。相反的，中、長跑不必跑在固定跑道上（只有八百公尺賽跑項目規定前一百公尺不得變換跑道），因此選手會激烈爭取最內圈距離最短的跑道，甚至會發生選手互相推擠碰撞跌倒的情況，所以中、長跑也稱為「田徑場上的格鬥賽」。

中、長跑除了要具備能夠持續跑長距離的耐力，也需要最後衝刺階段的瞬間爆發力。選手通常會視自己的特性，選擇搶先拉大差距，或是在後半急起直追尋求逆轉勝，這些戰術也是觀賽的重點。

插圖／佐藤諭

▲到了最後一圈，鈴聲一響，選手就會全力追趕。

能夠跳多高？跳多遠？【跳躍】

【奧運比賽項目】跳高、撐竿跳高、跳遠、三級跳遠（以上均有男／女子組）

【殘奧比賽項目】跳高（只有男子組）、跳遠（男／女子組）

以背朝下的跳躍動作為主流的「跳高」

跳高是助跑之後單腳踏地跳起，比賽看誰能夠越過更高的橫杆的競賽。跳高動作分為用正面越過橫杆的「剪式」、由剪式發展出來的「腹滾式」等，而現在的主流是用背部翻過橫杆的「背向式」。

用背向式翻越時，是以慣用腳用力踏地，另一腳往上抬起，提高重心，同時讓身體轉向。接著看準時機在空中挺腰，越過橫杆，避免腳碰到，最後以背部著陸在墊子上。

為了方便做出背部向下朝著橫杆的姿勢，必須採取曲線助跑。反覆練習這一連串的動作，直到身體養成習慣很重要。

插圖／加藤貴夫

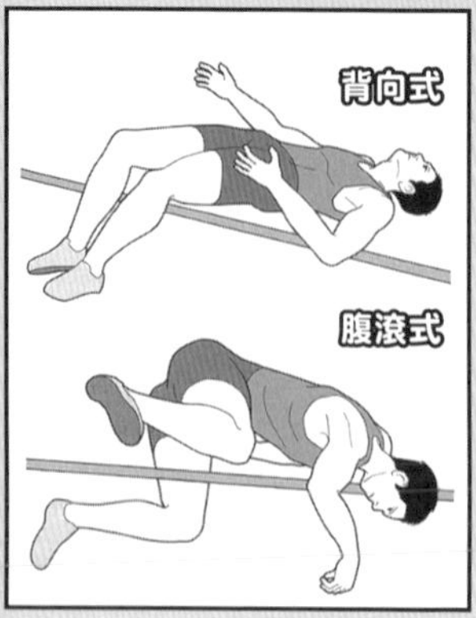

材質進化，使紀錄不斷刷新的「撐竿跳高」

撐竿跳高是將助跑的動能傳送到竿子上並放大，再利用竿子會恢復筆直的反彈力越過橫杆的競賽。

竿子的材質、長度、粗細沒有一定，目前的主流是重量輕且反彈力佳的碳纖維等新材質。過去使用竹子、金屬竿的男子組紀錄大約是四公尺，但現在男子組紀錄已經超過六公尺，女子組已超過五公尺。

這項運動需要具備助跑時的衝力及倒立時把身體往上撐起的肌力等多種力量。

▲竿子插進地上的凹洞再利用竿子的彈力跳高。

插圖／加藤貴夫

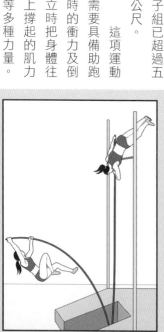

插圖／加藤貴夫

加速助跑後跳起的「跳遠」

跳遠這項運動，比的是助跑後蹬地跳向遠處的距離。起跳前，助跑往前的速度必須盡可能的不減速。起跳時，要用力蹬地往上高高跳起。

跳遠的空中動作可分為三種，分別是上半身垂直的「蹲踞式」，肚子向前推的「挺身式」，以及類似走路動作擺動雙腳的「走步式」。頂尖選手們為了避免蹬地起跳時往前跌，所以通常使用「走步式」。「走步式」讓身體在空中保持直立，因此也可以避免落地失誤。

三步跳出一節電車車廂（約18公尺）距離的「三級跳遠」

三級跳遠是助跑之後，以「單腳跳」、「跨步跳」、「跳躍」這三步驟，盡可能跳到遠處的比賽。如左圖所示，比賽規定單腳跳和跨步跳要用同一隻腳，跳躍則是用另一隻腳落地（也就是右右左或左左右）。

三級跳遠的第一步單腳跳，如果跟跳遠一樣高高跳起，落地的衝擊力道就會過大，導致接下來的第二步和第三步很難拉長距離。在第三步的跳躍之前，必須維持速度。

插圖／佐藤諭

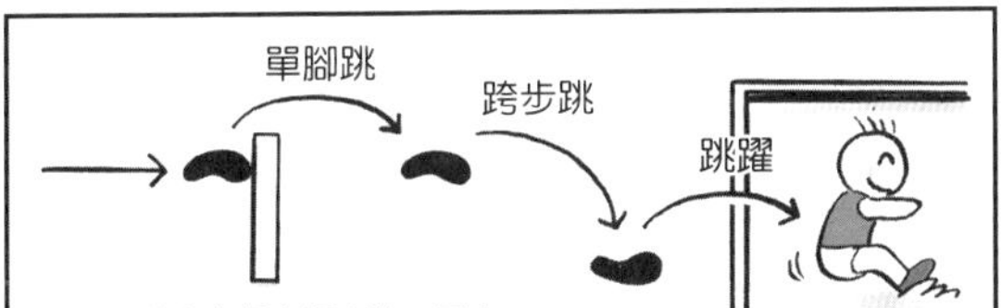

日本人首次奪得奧運金牌，是在1928年的三級跳遠項目。

特別專欄

順風參考紀錄

200 公尺以下的短跑（包括跨欄跑）、跳遠，以及三級跳遠項目，選手如果在順風的方向進行，就會很容易創下比較好的紀錄，因此順風的風速在每秒 2.1 公尺以上時，比賽紀錄只會當作參考，不會被列做正式的紀錄。

能夠扔多遠？【投擲】

【奧運比賽項目】鉛球、鐵餅、鏈球、標槍（以上均有男／女子組）

【殘奧比賽項目】鉛球、鐵餅、標槍、擲棒（以上均有男／女子組）

巧妙用力推出沉重金屬球的「鉛球」

鉛球是比賽投擲距離的競賽，一般男子組使用七點二六公斤，一般女子組使用四公斤的金屬球（鉛球）。投擲時有規定鉛球的高度不能往後或低於肩線。用棒球或壘球投手的方式投球也是犯規。

鉛球的投擲方式有兩種，一種為雙腳跨步移動的同時手臂向前推的「滑步式」，以及利用身體旋轉力量投擲的「旋轉式」。兩種方式都需要站穩腳步，利用全身力量推球，而不是只靠臂力。

影像來源／Pierre-Yves Beaudouin via Wikimedia Commons

▲選手從就定位後直到拋出鉛球的前一刻，都必須讓鉛球抵住或靠近下顎。

古代奧林匹克運動會也有的比賽項目「鐵餅」

鐵餅是把木頭和金屬製成的圓盤丟向遠處的比賽項目。關於鐵餅的尺寸，一般男子組使用的是重量兩公斤、直徑約二十二公分的鐵餅，一般女子組使用重量一公斤、直徑約十八公分的鐵餅。

擲鐵餅時，要利用旋轉身體所產生的力量把鐵餅拋出去，也就是物體從圓心旋轉遠離的力量（離心力）。重點是旋轉身體時軸心不能偏移，而且不能光靠臂力。

▼從正上方俯瞰擲鐵餅的動作。為了讓鐵餅正確往前飛，手必須在正側面的位置放開鐵餅。

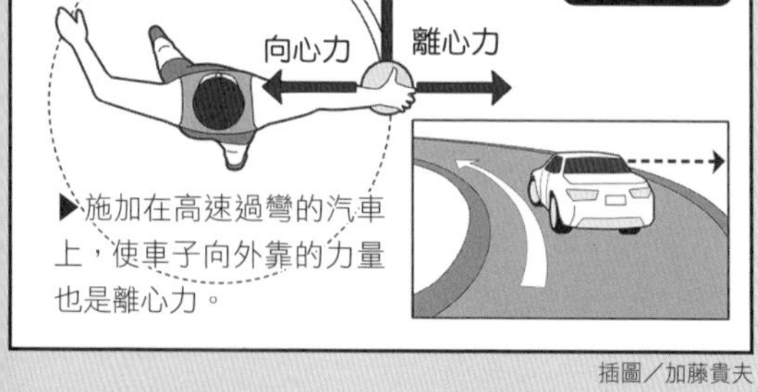

▶施加在高速過彎的汽車上，使車子向外靠的力量也是離心力。

插圖／加藤貴夫

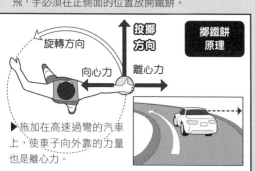

旋轉身體三至四圈後甩出的「鏈球」

鏈球這項競賽是擲出由金屬球、鐵鍊、手把構成的「鏈球」，比賽投擲距離遠近的項目。「鏈球」的總重量與鉛球相同，投擲方式與鐵餅一樣，都是利用身體旋轉產生的離心力。鐵餅目前流行旋轉一圈半，鏈球是旋轉三到四圈。鏈球離手的瞬間，選手的身體承受三百公斤以上的向心力（與離心力相反的力量）拉扯，因此必須具有足以抗衡的強健體魄。

影像提供／Shahjehan/shutterstock.com

▲鏈球選手會藉由旋轉身體產生的離心力來投擲出鏈球。

特別專欄

吶喊效應

進行劇烈運動時，肌肉會不自覺就抑制力量。一般認為如果此時大喊出聲，就能夠瞬間釋放力量，超越人體極限。

飛太遠反而不好？助跑後投擲的「標槍」

擲標槍是比賽標槍飛行距離的競賽，與鐵餅同樣是古代奧林匹克運動會的項目，擁有悠久的歷史。規定上，男子組使用的標槍重量為八百公克，長度二點六至二點七公尺；女子組使用的標槍重量為六百公克，長度二點二至二點三公尺。

其他的投擲類運動都是要在圓圈內投出，擲標槍的規則卻是助跑之後投出。此外，為了防止標槍飛太遠，無法確定方向，因此規定投擲時禁止旋轉身體。必須利用助跑的力量用力揮出手臂，創造紀錄。

目前的標槍世界紀錄是九十八點四八公尺。即使規定重心往前，避免標槍飛太遠，但是紀錄仍然不斷刷新，令人不免擔心總有一天擲標槍比賽會因飛太遠而無法在田徑場上舉行。

▼標槍競賽的標槍重心與握把位置，都有詳細的規定。

影像來源／Tuomas Vitikainen via Wikimedia Commons

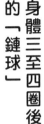

跑、跳、投全都由一個人挑戰【全能項目競賽】

【奧運比賽項目】十項全能（只有男子組）、七項全能（只有女子組）

囊括多種田徑比賽的十項全能與七項全能

全能項目競賽是由一位選手依序參加多項田徑、跳躍，以及投擲競賽的比賽。

奧運比賽項目中分為男子組的「十項全能」與女子組的「七項全能」。各個項目的紀錄會換算成點數，再根據點數的總和決定排名。

如下表所示，比賽內容事實上應有盡有。不同的比賽項目，用到的肌肉與訓練方式都不同，需要的體能也完全不同，所以選手很難在所有項目都名列前茅。也因此一般認為全能項目是陸上競技中最嚴酷的比賽，而且贏家有「運動員之王」、「運動員之后」的美稱。

奧運會規定，各項比賽之間的休息時間至少三十分鐘，第一天結束到第二天開始的時間至少間隔十小時，也是因為這項比賽的難度很高。

七項全能（女子）	
第一天	①100公尺跨欄 ②跳高 ③鉛球 ④200公尺賽跑
第二天	⑤跳遠 ⑥標槍 ⑦800公尺賽跑

十項全能（男子）	
第一天	①100公尺賽跑 ②跳遠 ③鉛球 ④跳高 ⑤400公尺賽跑
第二天	⑥110公尺跨欄 ⑦鐵餅 ⑧撐竿跳高 ⑨標槍 ⑩1500公尺賽跑

特別專欄

各種不同的釘鞋

釘鞋的鞋底有金屬或塑膠製的釘狀突起物，踩在地面上能夠牢牢的抓住地面。在陸上競技中，不同競賽項目的踏地位置與施力方式皆不盡相同，因此各項比賽會依其特性選用最適合的釘鞋。

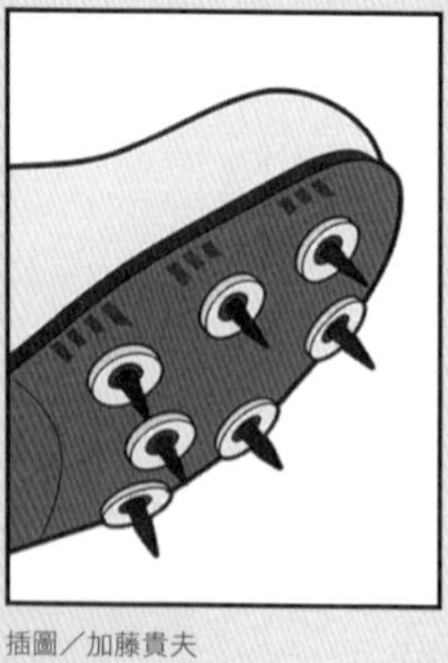

◀短跑需要更強的抓地力，因此會選用有長釘的釘鞋。中、長跑的釘鞋則是較短的短釘。

插圖／加藤貴夫

逐漸進化的殘障體育賽事【殘奧的田徑賽事】

與比賽專用義肢或輪椅合而為一，參與競賽

殘疾人奧林匹克運動會（簡稱「殘奧」。或稱帕拉林匹克奧運會，簡稱「帕奧」）的最大特徵，就是會根據殘障的類型與程度「分級」。同一個運動項目也會分成「非輪椅組」和「輪椅組」等，盡量使選手的條件一致，公平競爭。

肢障組可使用比賽專用義肢。尤其是義足的發展近年來有很大的突破，目前使用可緩和落地衝擊的碳纖維材質彈簧葉等材質組合而成。

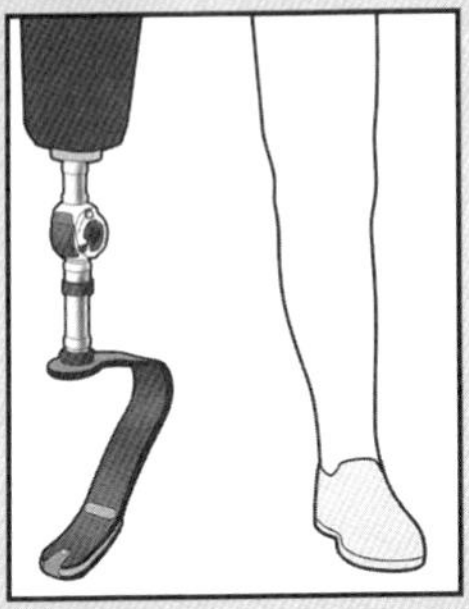

◀這是其中一款運動型義足。短跑等使用的類型，後側裝有防滑釘。

◀兩個大型後輪，加上一個小型前輪組成的「Racer」。

插圖／加藤貴夫　影像來源／Australian Paralympic Committee via Wikimedia Commons

輪椅組則是使用稱為「Racer」的比賽專用輪椅（或稱三輪手搖車）。這種輪椅只靠臂力等上半身的力量就能夠操控，功能上也進一步提升，例如變得更輕量等。

視障組可搭配一名嚮導，協助選手取得視覺資訊。選手與嚮導間是握著一條繩子參賽。

殘奧的田徑賽事與奧運一樣有多種項目，包括徑賽、馬拉松等。規則也大同小異，不過會配合參賽組別進行部分變更。

殘奧的投擲類比賽，比奧運多了一個「擲棒」的項目。此項目的參賽選手是輪椅組的手部殘疾者。

插圖／佐藤諭

室內游泳池

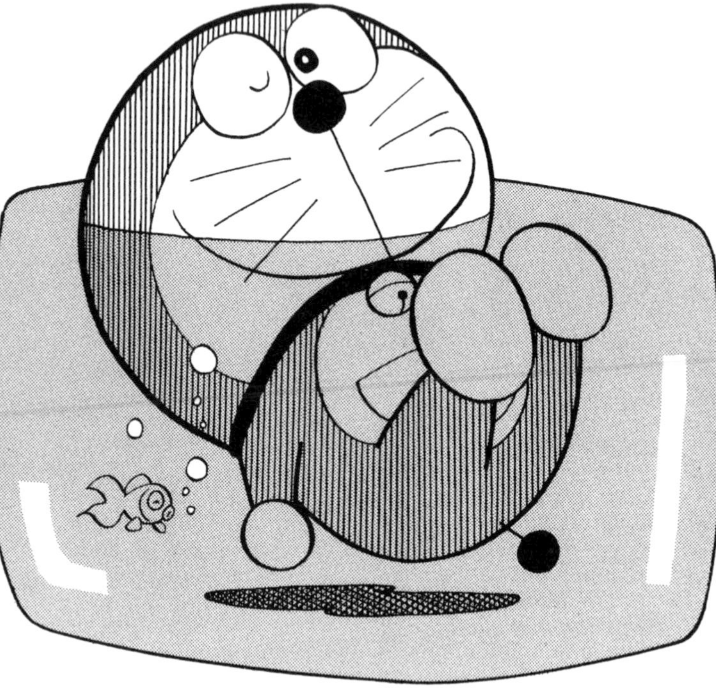

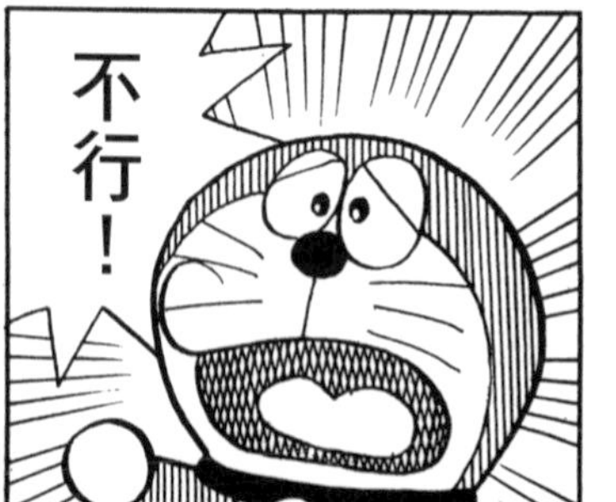
不行！

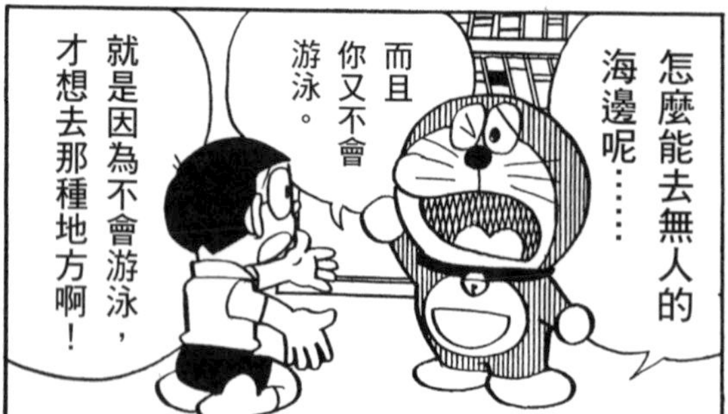
怎麼能去無人的海邊呢……
而且你又不會游泳。
就是因為不會游泳，才想去那種地方啊！

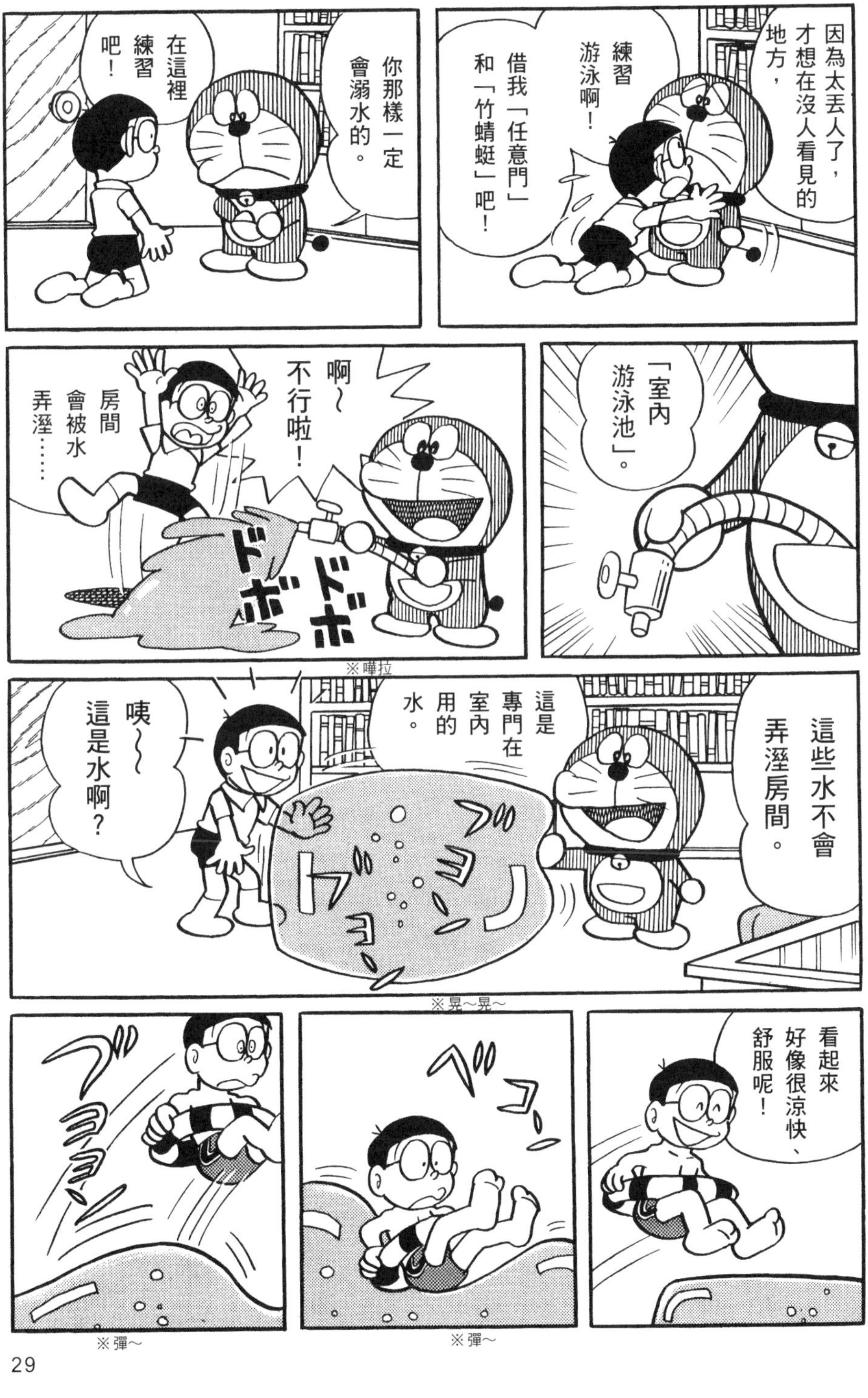

因為太丟人了，才想在沒人看見的地方，
練習游泳啊！
借我「任意門」和「竹蜻蜓」吧！
你那樣一定會溺水的。
在這裡練習吧！
「室內游泳池」。
啊～不行啦！
房間會被水弄溼……
ドボドボ
※嘩拉
這些水不會弄溼房間。
這是專門在室內用的水。
咦～～這是水啊？
ブヨンブヨン
※晃～晃～
看起來好像很涼快、舒服呢！
ベコッ
※彈～
ブヨヨン
※彈～

進不去啊……
啊，我忘了。
要擦上特殊乳液才行。
沒有擦上這個，會被彈出來的。
踏
好像游泳池喔。
游游看吧。
你向前游的話，水也會跟著動喔。
這樣就不用擔心溺水了。
真的耶！這樣即使游幾百公尺都沒問題！
你就一個人好好的練習吧！
既然有這種好道具，
怎麼不早點拿出來呢？
小氣鬼！

運動高手鍛鍊機Q&A

Q 聽説游泳比賽中的海豚式蝶泳是日本人發明的。這是真的嗎？

A 真的。日本選手長澤二郎把海豚踢水加入蝶泳中。在此之前，蝶泳的踢水姿勢與自由式（捷泳）相同。

運動高手鍛鍊機Q&A

Q 奧運一百公尺仰式的金牌選手鈴木大地最擅長哪個泳式？①青花魚 ②阿勝 ③瓦薩洛

A ③瓦薩洛泳式。這個仰躺加上海豚踢水的潛水泳式，使鈴木選手奪下一九八八年漢城奧運的金牌。

身體怎麼出不去？
※掙扎
沒有辦法出去，
實在很不自由。
※咻～
游泳圈破了！
糟糕，在水裡待太久，身體好像變腫了。
而且，好冷喔！
好累喔。
我想坐下來。
※咕嚕咕嚕
好難受啊！
※掙扎、掙扎
必須……想辦法離開……
※咕嚕
※嘩啦

運動高手鍛鍊機Q&A

Q 聽說有一種泳裝穿了會屢屢創下新的世界紀錄，因此比賽時禁穿。這是真的嗎？

A 真的。廠商開發出加入聚氨酯（PU）和橡膠的低摩擦力泳裝，但目前在正式的國際賽事上禁止使用。

在「水面」與「水中」控制身體的技能

【主要項目】競技游泳、跳水、水球

插圖／杉山真理

競技游泳（38～41頁）

快速游泳

對於生活在陸地上的人類來說，水裡是特殊的環境。能夠在人類不習慣的水中快速移動的技能是什麼？

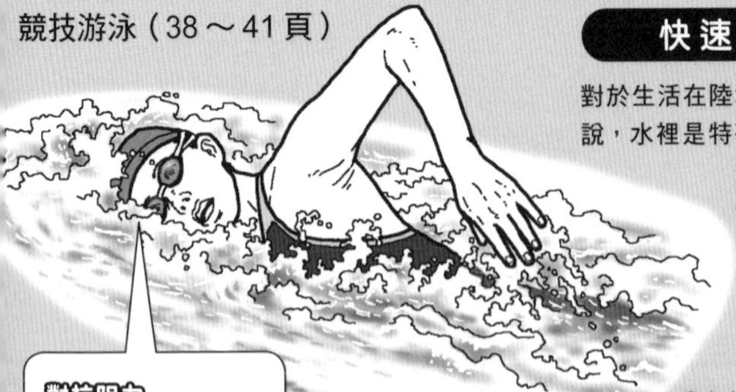

●自由式（捷泳）

對抗阻力

在阻力很大的水裡，需採用與陸地上不同的姿勢及手腳動作。

●蛙式

「划水」與「踢水」

有效率的使用手臂、手掌和腳，製造前進的動力。

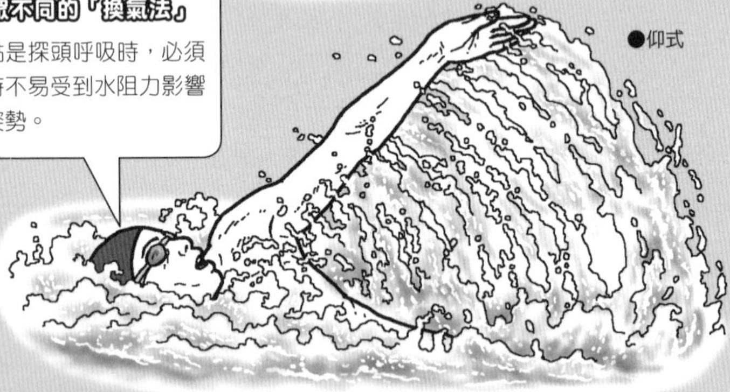

●仰式

與眾不同的「換氣法」

重點是探頭呼吸時，必須維持不易受到水阻力影響的姿勢。

●蝶式

游泳四式的歷史與特徵

競技游泳講求速度，因而誕生出目前使用的游泳四式。

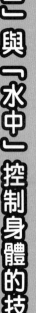

插圖／杉山真

跳水

講求在空中的技巧與入水的美感，必須在踏出跳台的兩秒鐘之內完成所有動作。

站立游泳

為了方便呼吸，以臉露出水面的游姿勢比賽。

跳水（42 頁）
征服水面
入水的衝擊力超過 100 公斤，一流選手入水時不會引起水花。

水上芭蕾（45 頁）
持續漂浮在水面的動作
使用「用手滑水」、「打蛋式踢水」等技巧，讓身體長時間漂浮在水面上。

水球（44 頁）

游泳池與大海不同
大海不像游泳池有完善的規劃，因此在海裡比賽經常遭遇嚴峻的考驗。
馬拉松游泳
（43 頁）

在大自然游泳

在海洋或湖泊中舉行的比賽。必須預先考慮會受到水溫與海浪等環境因素的影響，這是勝負的關鍵。

競技游泳是在對抗水的阻力

【奧運比賽項目】競技游泳 100m 自由式、100m 仰式、100m 蛙式、100m 蝶式、200m 個人混合式、4×100m 接力等（以上均有男／女子組）
【殘奧比賽項目】游泳 100m 自由式、100m 仰式、100m 蛙式、100m 蝶式等（以上均有男／女子組）

加快游泳速度的三大要素

①盡量減少阻力的「流線動作」

水裡的阻力是空氣中的八百到九百倍。阻力是指與運動方向相反的力，在泳池裡走路時很難前進，就是受到阻力的影響。

如果你在水裡胡亂的撥水或是踢水，想要對抗這股阻力，只會讓你更加的難以前進。

想要加快前進的速度，你需要的不是正面迎向阻力，而是學會以「流線動作」漂浮。

插圖／加藤貴夫

流線動作與截（接觸）面積

▲理想的流線動作（也稱為「蹬牆漂浮」），這是游泳最基本的姿勢。

②反抗水阻力的「推進力」

游泳時必須保持「流線動作」，才能夠將水的阻力降至最低。此時需要用手確實抓住水並推開，或是用腳踢製造推進力（前進的力量）。

自由式（捷泳）的「划水」是伸手抓住遠端的水往後推。蛙式的「踢水」是把腳跟縮向臀部，再以腳底踹水。

這些動作都是為了讓不同的泳式更有效率。

影像提供／ShutterStock

影像提供／ShutterStock

▲自由式（捷泳）的速度主要取決於手「划」的動作。相反的，蛙式則是以「踢」水決定速度。

關於水的阻力

下圖是選手在實驗用的迴流水槽，也就是水流製造裝置中游泳的情況。收集到的數據資料能夠幫助改善游泳姿勢。

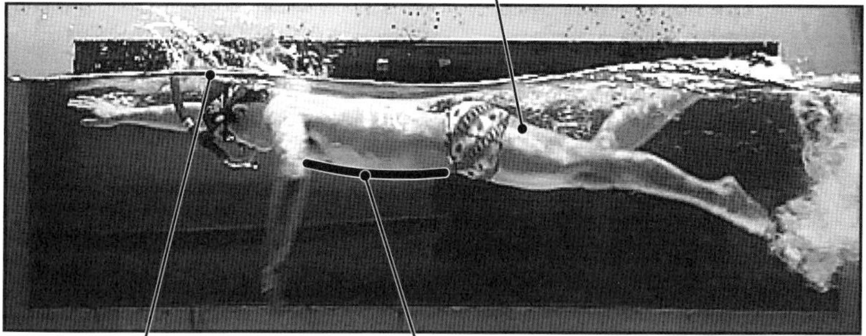

壓力阻力
身體四周會產生「漩渦」，把身體往後拉。
波浪阻力
碰撞水面產生的波浪把身體往後推。
摩擦阻力
與水接觸的部分產生妨礙前進的力量。

影像提供／高木英樹（日本筑波大學）

③身體離開水面時的「姿勢」

划水完或換氣時，身體有一部分會離開水面，這時也必須盡量保持流線動作。

另，游雙手交互划水的自由式（捷泳）與仰式時，身體會左右扭動，踢水的另一個作用就是為了消除這種情況發生。就像走路時，踏出的腳與往前擺動的手是不同邊，划水的手與踢水的腳也是不同邊，這樣才能夠保持平衡。

特別專欄

哪種泳式的速度最快？

有選手游自由式時，採用「手臂是自由式（捷泳），腳是海豚式」的姿勢創下世界紀錄。但是這種姿勢在人體構造上會造成負擔，因此很難從起點到終點始終採取這種姿勢游泳。

現在的競技游泳有「禁止憋氣超過 15 公尺以上」的規定，如果無視此項規定，用海豚式持續憋氣游泳，無疑就是最快的方式。

插圖／佐藤諭

游泳四式的歷史與縮短時間的技巧

最早的自由式不是「捷泳」

一八九六年的第一屆雅典奧運游泳項目是在海中舉行，選手從外海出發，比賽誰先上岸。當時幾乎所有人都是採用「蛙式」，並且把頭探出水面游泳，避免錯失海岸方向。

後來終於發明出比蛙式更不容易受到阻力影響，而且能夠呼吸的「仰式」。再來又出現了能夠換氣的「捷泳（現在則普遍稱為自由式）」。蝶式是蛙式的改良版本，後來演變成獨立的泳式。

資料來源／高木英樹（筑波大學）

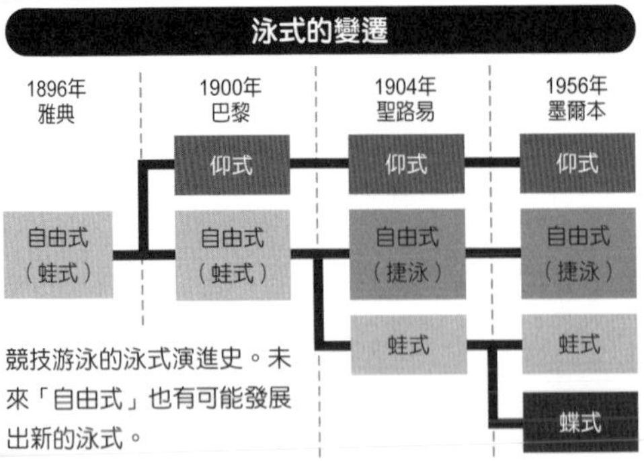
泳式的變遷
1896年
雅典
1900年
巴黎
1904年
聖路易
1956年
墨爾本
自由式（蛙式）
仰式
自由式（蛙式）
仰式
自由式（捷泳）
蛙式
仰式
自由式（捷泳）
蛙式
蝶式

競技游泳的泳式演進史。未來「自由式」也有可能發展出新的泳式。

「出發」、「轉身蹬牆」的池邊技巧 只靠游泳無法提升速度

在競技游泳的比賽過程中，速度最快的時候，是跳水出發與轉身蹬牆的那一瞬間。事實上在那之後，直到下一個轉身蹬牆之前，速度都會受到水阻力的影響而逐漸遞減。

也就是說，「游泳」的划水踢水，都是為了盡可能保住一開始取得的優勢。

比賽到了最後階段，剩下幾十公尺幾乎不分勝負時，選手們需要的不是使出僅存的力量加速，而是必須

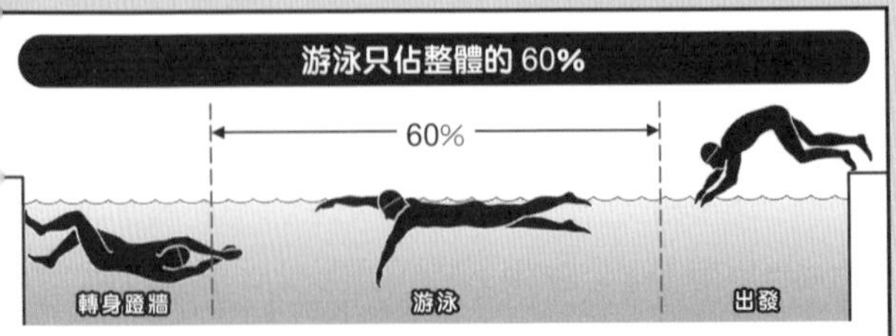
游泳只佔整體的 60%
60%
轉身蹬牆
游泳
出發

比賽中，純粹游泳只佔整體的大約 60%。出發和轉身蹬牆等池邊技巧對時間有很大的影響。

插圖／加藤貴夫

游泳四式的特徵

仰式

不需要換氣的泳式

技術★★★☆　速度★★☆☆
效率★★★☆

手腳動作與自由式（捷泳）有異曲同工之妙。仰躺著要維持低阻力的姿勢，需要傑出的踢水技術。

自由式

最快且最有效率的泳式

技術★★☆☆　速度★★★★
效率★★★★

保持隨時有一隻手划水的姿勢，因此能夠以一定的速度前進。承受的水阻力也是四種泳式之中最小。

蝶式

由蛙式進化而成的泳式

技術★★★☆　速度★★★☆
效率★☆☆☆

划水的手回到水面上，加上海豚式踢水，這樣游泳承受的水阻力會比蛙式更少。

蛙式

最需要技巧的泳式

技術★★★★　速度★☆☆☆
效率★☆☆☆

縮回踢出的腳，不受水阻力的影響，需要高度的技巧。這也是日本選手能夠在國際賽事獲勝的泳式。

維持最正確的姿勢繼續游泳，把速度的損耗降至最低，才有機會獲勝。

特別專欄

殘奧的游泳比賽

殘奧的游泳選手必須自行找出能夠游得最快的方法，因為每個人的殘障情況不同，生理健全者的技巧與經驗不見得能夠適用在他們身上。

有一位殘奧游泳選手沒有左前臂，為了解決這個問題，他想到的辦法是把划臂划水的速度提升到其他人的 1.2 倍。

問題是，手動得越快，包括踢水方式等的全身動作也必須配合。因此他不斷利用自己的方式練習，終於成功練就出一般頂尖選手也做不到的技術。

◀殘奧游泳選手的泳式是發揮個人特色、屢敗屢戰的經驗結晶。

影像提供／ A.RICARDO/Shutterstock.com

挑戰空中動作與表面張力

【奧運比賽項目】3m跳板跳水、10m高台跳水、雙人3m跳板跳水、雙人10m高台跳水（以上均有男/女子組）

在抵達水面的一點八秒內決定一切的「跳水」

跳水項目包括從高度一公尺、三公尺跳下的「跳板跳水」，以及從十公尺跳下的「高台跳水」。

跳下跳台、抵達水面的時間不到兩秒鐘，選手必須在這瞬間表演花式動作，再根據姿勢的優美程度與難易度評分。

不引起水花的入水技巧

跳水表演的最後高潮就是「入水」的瞬間，不引起水花的「無水花入水」能夠得到最高分。

為了不在水面激起水花，選手在入水時必須讓身體從手指到腳尖成一直線，與水面垂直。而踏出跳台的第一步通常就決定了跳水的軌跡。一點點小偏差都有可能造成破壞，因此輸贏在跳水之前就開始了。

／加藤貴夫

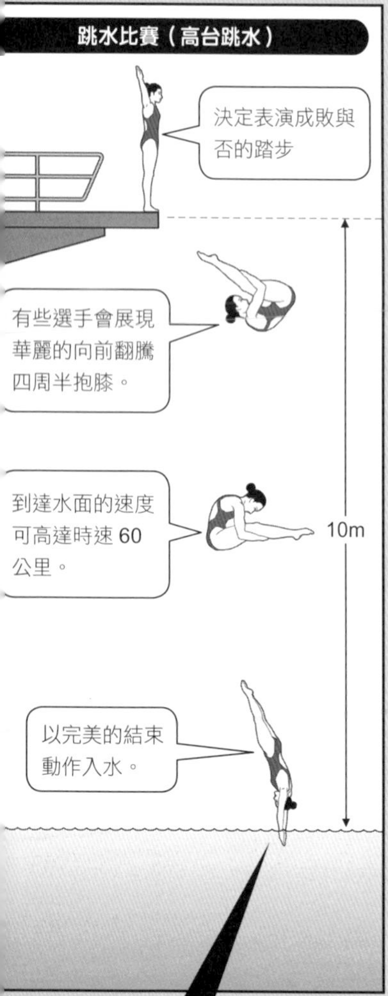
跳水比賽（高台跳水）
決定表演成敗與否的踏步
有些選手會展現華麗的向前翻騰四周半抱膝。
到達水面的速度可高達時速 60 公里。
10m
以完美的結束動作入水。

◀無水花入水的瞬間，有人形容那瞬間會發出「彈嘴唇」的聲響。

提供／A.RICARDO/
tterstock.com

因應自然環境的游泳技術

【奧運比賽項目】10km 馬拉松游泳（男／女子組）

在海裡舉行的耐力賽「馬拉松游泳」

開放水域游泳是指在大海、湖泊、河川等大自然環境中舉行的游泳比賽。奧運上的比賽項目稱為「馬拉松游泳」，是由二十五名選手花大約兩小時的時間進行十公里的比賽。

相較於在水溫與水質穩定的游泳池內比賽，海裡的最大不同就是面對大自然時，需要具備判斷風力與潮流的能力。在海裡沒有分道線畫出自己的泳道，因此要脫離擠在一起的選手時，手腳難免會與其他人激烈碰撞。在沒有標的的大海和湖泊游泳，必須考慮到配速，也需要規劃與其他選手拉鋸的策略。

比賽時，採用獨特的「抬頭自由式（或稱抬頭捷泳）」是為了確認自己的位置與其他選手的距離，利用換氣時查看前後狀況。

在開放水域游泳的技巧

抬頭自由式

前進時需要看著前方，因此採用抬頭自由式（抬頭捷泳）的姿勢，搭配側臉換氣的一般自由式（捷泳）使用。

尾隨（drafting）

跟在前面選手形成的水流後面游的技巧，這樣做能夠保留體力，但靠太近的話，會被視為犯規。

轉彎（cornering）

在開放水域游泳需要會轉彎，在賽場角落的浮標附近可看到選手們的攻防戰。

▲亂游很容易迷失自己的方位。

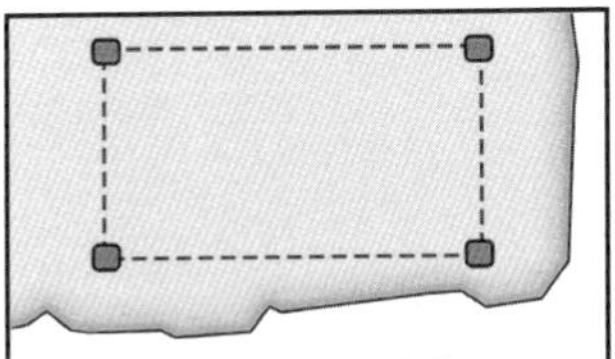

繞著四個浮標巡遊。

影像提供／A_Lesik/Shutterstock.com

插圖／加藤貴夫

在水中自在漂浮游動的技能

【奧運比賽項目】水球（男／女子組）、女子雙人水上芭蕾、女子團體水上芭蕾

插圖／杉山真理

利用手腳獲得浮力的方法

打蛋式踢水（eggbeater）

雙腿的膝蓋以下向內交互繞圈，取得浮力。經過練習，可以單靠雙腳，持續漂浮幾十分鐘，甚至是幾個小時，無須用到雙手。

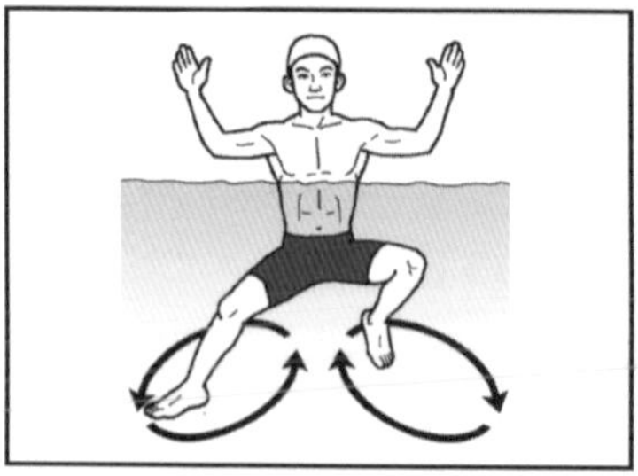

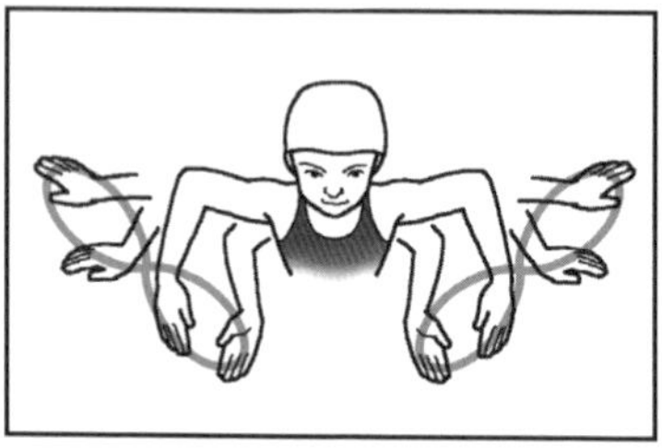

8 字形划水（sculling）

雙手在水裡畫 8 字形取得浮力。這個動作也運用在游泳四式划水的手勢上。做這個動作時水面產生漩渦的話，就代表划水姿勢正確。

漂浮在水面上同時控球「水球」

水球比賽是每隊七人，把球投進敵方球門裡得分的競賽，也被稱為「水中格鬥」。在水深超過兩公尺、腳踩不到底的泳池裡，選手必須一來一往追球、抓球、運球、朝球門射門。在正式的三十二分鐘比賽中，選手的臉部都必須保持露出水面。而這即使撲向對手身上搶球，也不會往下沉的力量，就是來自打蛋式踢水和8字形划水。日本的男女水球國手最近幾年已經逐漸培養出足以對抗世界強敵的能力。

▼守門員要擋下時速超過 80 公里的射門，請注意他們的上半身始終保持在水面上。

影像提供／ muratart/Shutterstock.com

在水中也能夠保持身體平衡「水上芭蕾」

水上芭蕾與水球一樣，都是使用打蛋式踢水與8字形划水技巧的比賽，跟水球不同之處在於，水上芭蕾的評分是根據「美感」。選手配合音樂表演，評審會根據動作是否整齊，以及技術完美與否給分。但最重要的是身體探出水面的高度，腰部離開水面越高，動作看起來越漂亮。在水面下支撐著水面上隊友的選手，也是關注的重點。從選手的動作可以看出他們為了製造浮力，把打蛋式踢水與8字形划水發揮到極致。

▲支撐水面上表演的水面下選手的動態。所有選手呼吸一致，才能夠呈現出高難度的華麗表演。

影像提供／法新社＆時事通信社

特別專欄

四面環海的日本發展出的古式泳法與救援技術

日本有傳承已久的「古式泳法」。學會這種游泳方式能夠穿著鎧甲在湍急的河裡游泳，或是雙手伸出水面將行李舉高避免弄溼。這種游泳方式的速度雖然不快，但是能夠應付緊急需求。

日本四面環海，經常受到水害之苦，因此傳承這類游泳方式具有深遠的意義。在大海或河川遇上意想不到的意外時，能夠派上用場的，不是在設備規劃完善的泳池比賽速度的技能，而是在大自然嚴峻環境中也能夠保住性命、持續漂浮在水上的技巧。

「古式泳法」也可應用在救援技術上。另外，遇到與水有關的災難或在穿著一般服裝的情況下被水沖走時可以使用的「穿衣泳法」，在日本各地的泳池都有舉辦教學講座，各位有機會可以去聽聽看。

插圖／佐藤諭

打倒胖虎隊

※揮、揮
真難得。
居然在練習揮棒。
這是有原因的……
我就知道一定發生了什麼事……
早上有一場棒球賽……
因為你害大家輸了吧。
結果大家就說……
大雄根本不適合打棒球。
為了大家好，你還是退出棒球隊……
然後叫你去跟女孩子一起玩翻花繩吧？
你看到啦？
用膝蓋想也知道。
人家瞧不起我，我怎麼能退縮呢？
是不能退縮。
我一定要成為有名的選手，讓大家刮目相看！
那就爭氣一點。
借我打棒球變厲害的道具吧！
我就知道。
馬上就想用道具……
難道你不想憑自己的力量努力看看嗎？
這樣你永遠不長進！

運動高手鍛鍊機Q&A

Q 讓球旋轉同樣的圈數時，棒球和足球都會以同樣的方式轉彎。這是真的嗎？

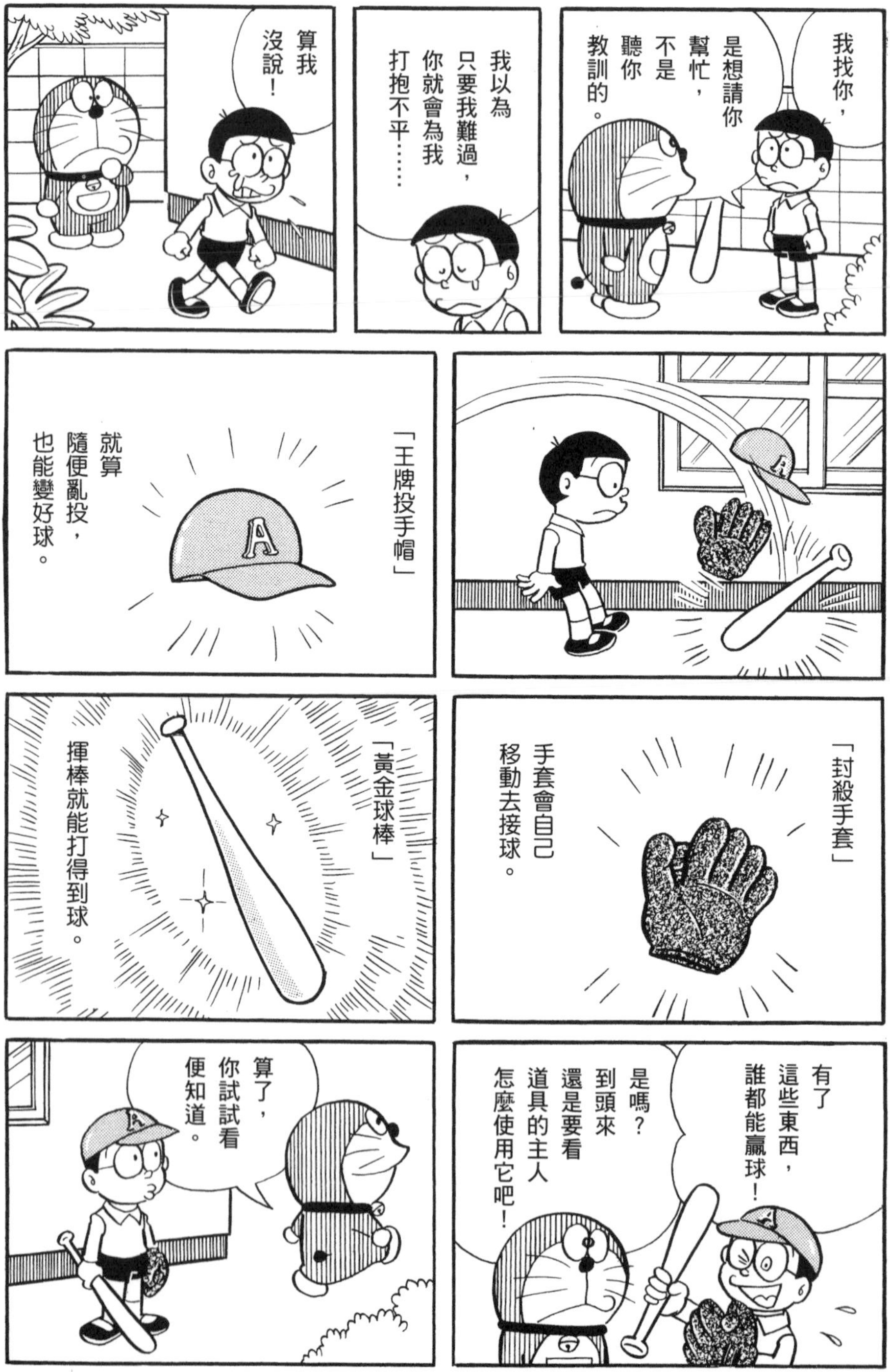
我找你，
是想請你幫忙，不是聽你教訓的。
我以為只要我難過，你就會為我打抱不平……
算我沒說！
「王牌投手帽」
就算隨便亂投，也能變好球。
「封殺手套」
手套會自己移動去接球。
「黃金球棒」
揮棒就能打得到球。
有了這些東西，誰都能贏球！
是嗎？到頭來還是要看道具的主人怎麼使用它吧！
算了，你試試看便知道。

A 假的。足球比棒球更大，所以旋轉的圈數如果相同，轉彎的弧度就會更大。

這就是你說的棒球隊？
沒錯，我的目標就是要打倒胖虎隊。
嘻嘻嘻!!
哇哈哈～
呵呵呵～
他們先攻，現在來決定你們的守備位置。
我要當投手。
投手是我。
交給我吧！
我也要。
我們相親相愛一起投吧。
不要擅自決定。
我才是教練。

運動高手鍛鍊機Q&A

Q 排球的正式比賽用球比手球更大。而比較重的是？①排球 ②手球 ③一樣重

A ②手球。比較男子組比賽用球，排球是260至180公克重，手球是425至475公克重。手球為了增加傳球的威力，所以做得比較重。

看我敲出全壘打！
※鏘～
外野手快後退啊!!
ピピ
※嗶嗶
※移動
哇！手套拉著我的身體走！
※飛奔
※接住
好厲害。
壘包上怎麼沒有人？
我們來接球不可以嗎？
那以後通通你自己來。

現在開始我們都不碰球了!!
哼！
沒錯～
真是的……
給我投小力點!!
ソーッ
ガアン
※鏘～
グイ
※移動
ビュ
※飛奔
嘿嘿。
ガアン
※鏘～
ビュウ
※飛奔
被得了十三分，好不容易結束一局上半。
可惡，這次一定要扳回一城！
人家打得到嗎？
有「黃金球棒」一定打得到！

※咻～
ギィーン
我好害怕…
快揮棒啊！
※鏘
カアーン
哇啊！
妳們看！我打得好遠喔。
快跑啊！
好極了。
得去踩一壘才行。
妳看吧！
嘿嘿！出局。
下一個！
打到後就快跑！聽到沒有！

運動高手鍛鍊機Q&A

Q 日本代表隊在二〇一六年里約奧運的地板滾球項目，成績如何？①金牌 ②銀牌 ③銅牌

ヤア
※鏘
不對啦！那裡是三壘啊!!笨蛋！
你們看！又出局了吧！
鏘！
哎呀！晚了一步。
來不及就滑壘啊！
シズ
シズ
※漫步
如果弄髒這套洋裝，會被媽媽罵的……
嗚嗚……
而且……你好凶！
你那是什麼態度啊?!
就是啊！歇斯底里的亂罵一通！
大家都說我不適合當教練，
然後叫你一個人去玩翻花繩吧？真是個可憐的孩子。
カーン

A ②銀牌。因為創下前所未有的佳績，地板滾球在日本也因此一躍成為人氣運動。

「投」、「打」是只有人類才會做的動作？

【主要項目】棒球、壘球、排球、籃球、手球

踏出高抬的腳，轉移重心。身體與手臂一氣呵成做出甩鞭動作，把體重放在前腳，善用手腕的力量，就能夠投出強有力的一球。

◀重心放在前腳。

插圖／杉山真理

人類與用四條腿走路的動物肩膀附近的骨骼構造完全不同

在速度、力量、跳躍力等運動能力上來說，人類都比不上大多數的野生動物。但相反的，有些動作只有人類才能夠做到，例如用力「投擲」、「打擊」。猿猴類也能夠低手丟東西，不過牠們無法高手（或稱揚手、過肩）投擲。以四隻腳支撐自身體重的動物，手臂的位置比肩膀還要前面，因此手肘無法向後縮。相對來說，雙腳步行的人類，肩關節的可動範圍較廣，再加上有複雜的肌肉支撐，因此能夠做到投擲、打擊的動作。

人類肩膀周圍的骨骼
肩峰下關節
（第二肩關節）
胸鎖關節
肩胛胸廓關節
鎖骨

插圖／加藤貴夫

▲人類的骨骼。肩胛骨與肱骨相連的關節是球狀，方便活動。

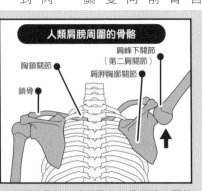

插圖／佐藤諭

◀甩鞭動作。身體扭轉帶動肩膀到手臂、指尖，完成動作。

強力投、打的祕訣是甩鞭動作、轉動慣量、作用與反作用力

想要更有力的投擲或打擊，除了借助肌肉的力量之外，最重要的是利用物理學的運動力學，以下簡單介紹三個例子。首先是「作用力與反作用力」，這個定律是指如果對著物體的一側施力，反方向的另一側也會有同樣程度的力量在作用。接著是「甩鞭動作」所產生的動能傳遞，以投球為例，高高抬起一隻腳踏出，產生的力量（作用力）從地面的反作用力開始傳遞，從腿到軀幹再到手臂，然後扭轉的手臂和身體依序鬆開，這一連串動作的轉換會幫助力量傳遞下去，產生的力量就會傳送到球上。善用手臂力量提高揮臂速度，就能夠投出強力的一球。

最後是「轉動慣量」，旋轉的物體距離中心越遠時，不管是要動或要停止，都需要很大的力氣。以打擊為例，球棒越靠近身體，揮棒速度越快產生的動量越大，擊球後的球速也就會更快。

插圖／杉山真理

球棒往後拉再揮出，同時把身體重心移動到軸心腳上。一開始讓球棒經過最靠近身體的地方，接著扭轉身體，製造強力的打擊力道。

棒球已經無法開發出新的變化球？

自從一八四五年在美國舉辦第一場棒球賽開始，投手們為了不讓打者打到球，不斷的想出各式各樣的變化球。投手轉動手指和手腕投球，讓球大力旋轉，這樣的旋轉能夠製造出強弱氣流，使得施加在球上的壓力有強弱之分。壓力大的部分朝壓力小的部分產生力，球就會在到達打者面前時急速轉彎或下墜，這就是變化球（也有例外，就是空氣阻力碰到球的縫線，使得球產生搖晃但不旋轉，稱為蝴蝶球）。

目前已經發明出超過二十種的變化球，有人說今後將不會再有新的球種

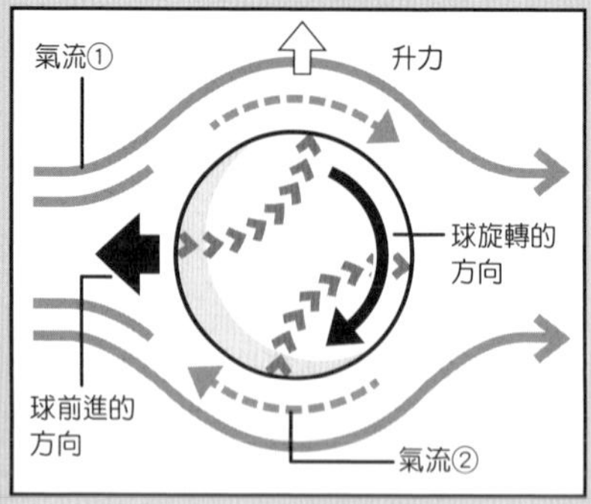
氣流①
升力
球旋轉的方向
球前進的方向
氣流②

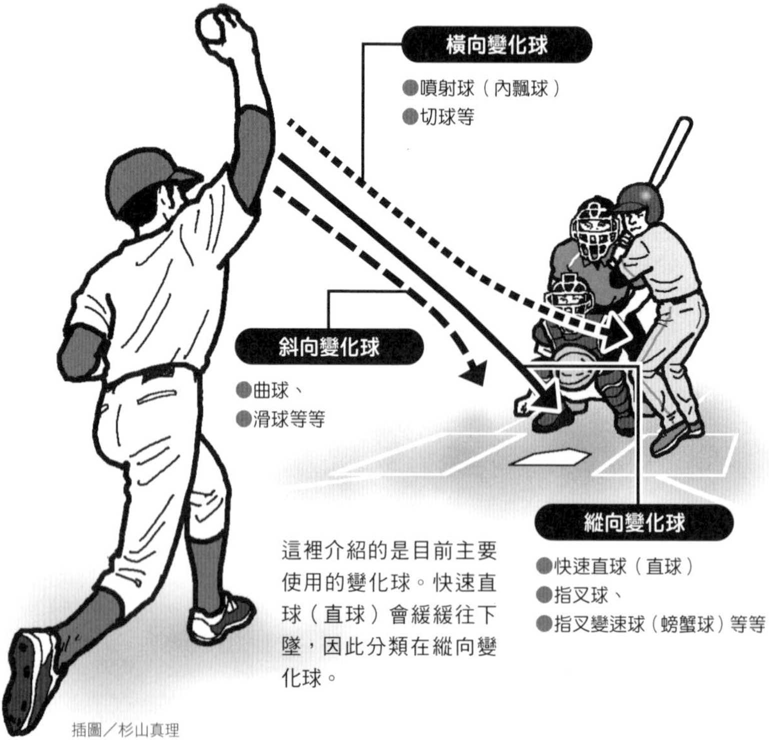
橫向變化球
●噴射球（內飄球）
●切球等
斜向變化球
●曲球、
●滑球等等
縱向變化球
●快速直球（直球）
●指叉球、
●指叉變速球（螃蟹球）等等

這裡介紹的是目前主要使用的變化球。快速直球（直球）會緩緩往下墜，因此分類在縱向變化球。

插圖／杉山真理

誕生。現有的所有變化球，都是縱向、橫向、斜向等其中一個方向變化，再從中改變變化的方式和強弱，增加變化球的種類（球來到打者面前產生急速變化，那是視覺的錯覺）。許多人都表示球種已經再也產生不出其他變化了，不過剩下的可能性還有一個，就是低肩投法（或稱下勾投法）的投手朝上投出強力旋轉球。問題是投手又不能夠讓球的路徑往上，因此似乎不容易辦到。

人類能夠投出的最高球速是時速一百八十公里？

至二〇二〇年為止投手的最高球速，是目前效力於紐約洋基隊的查普曼（Albertin Aroldis Chapman de la Cruz）投出的時速一六九點一四公里。只要加強訓練肌肉，注意甩鞭動作等運動力學，花心思讓身體的軸心與手肘呈現如上圖般的角度，或許就能夠達到時速一七〇公里。一般認為，考慮到對於身體韌帶的負擔，想要達到時速一八〇公里非常困難。

這個角度是重點
ANGE

插圖／佐藤諭

席捲大聯盟的「飛球革命」是什麼？

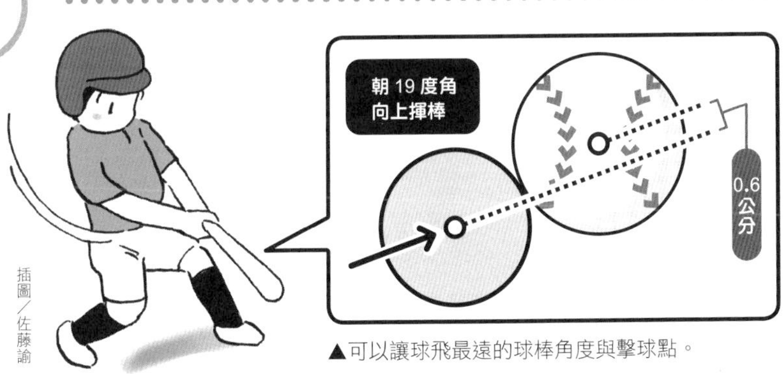
朝 19 度角向上揮棒
0.6 公分

插圖／佐藤諭

▲可以讓球飛最遠的球棒角度與擊球點。

直到不久之前，在打擊技巧上原本是嚴格禁止向上揮擊的，因為以前的人認為打滾地球得分的機率高過於打飛球，但是近幾年來美國職棒大聯盟盛行打飛球。

根據二〇一八年的資料顯示，飛球的平均打擊率比滾地球高出百分之二以上，飛球擊出長打的機率更是高達三倍以上。這個比例上的差距據說套用在日本選手身上也是同樣的結果。

壘球是類似棒球又不是棒球的運動

【奧運比賽項目】壘球（女子組）

壘球時速一二〇公里相當於棒球時速一六〇公里以上？

棒球與壘球最大的不同，就是球場的大小。一般棒球場的兩側是九十到一百公尺長。另一方面，壘球場的外野圍籬則規定男子七十六點二公尺以上，女子六十七點〇六公尺以上。投手丘到本壘板的距離也不同，女子壘球比棒球短了五公尺以上。這個距離上的壓縮所產生的速度感，正是壘球的魅力所在。據說投手投出時速一百二十公里的速球時，打者會感覺像在面對棒球時速一百六十公里以上的球速。

插圖／佐藤諭

本壘
棒球
18.44公尺
壘球
13.11公尺

最普遍的投球方式「風車式投球法」是什麼？

投手由下往上投球也是壘球的特徵之一，即使由下往上投亦能夠投出快速球，因此而誕生的就是目前成為主流的「風車式投球法」。這種投球方式是以肩膀為中心旋轉手臂一圈，不僅能夠增加球速，也能投出更多會轉彎的變化球。腳跨前一大步，重心配合上半身的扭轉動作往前移動，更能夠提升球的威力。

重心轉換

▶前臂適時靠上腰部，更有助於正確利用手腕投球。

插圖／杉山真理

壘球特有的魔球 看起來像往上飄的「上飄球」

壘球使用的球，圓周長是三十點四八公分，尺寸比圓周長約二十三點五公分的硬式棒球更大，因此更容易獲得升力。升力會在球與前進方向逆向旋轉時產生，這是將物體抬高的力量。利用這股力量，就能夠製造出壘球特有的「上飄球」。

打者習慣計算球因重力而下墜的幅度，預測擊球點再揮棒。但是，上飄球的路徑往往比預測的位置更高，因此在打者眼裡看來，就像是球往上飄了。

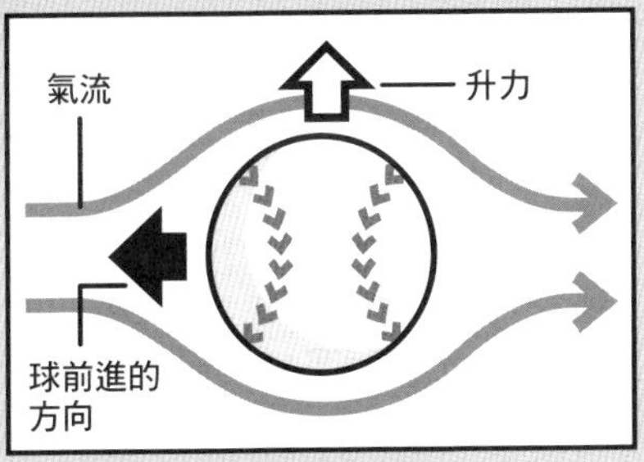

▲這張圖是從側面看球的動態。強力「逆旋」施加在球上，產生向上的升力。

插圖／佐藤諭

打擊的基本動作：縮短揮棒軌跡的水平式揮棒

時速一百二十公里的壘球，相當於棒球時速一百六十公里以上。投手以強速球搭配變化球、上飄球這類魔球，使打者用力揮棒也很難成功擊球，因此壘球的打者多半比棒球打者更懂得縮短揮棒距離。但採取這種打擊方式，選手無法往後扭轉身體，做出往前跨步的擊球準備動作，因此打擊缺乏力道。

懂得利用球棒拉近身體時產生的力量順勢揮棒很重要。另外，由下往上投出去的球看起來都像由下往上「延伸」，不是只有「上飄球」如此。上勾式揮棒很難打到深遠球，因此壘球打者多半使用由上往下擊球的水平式揮棒。

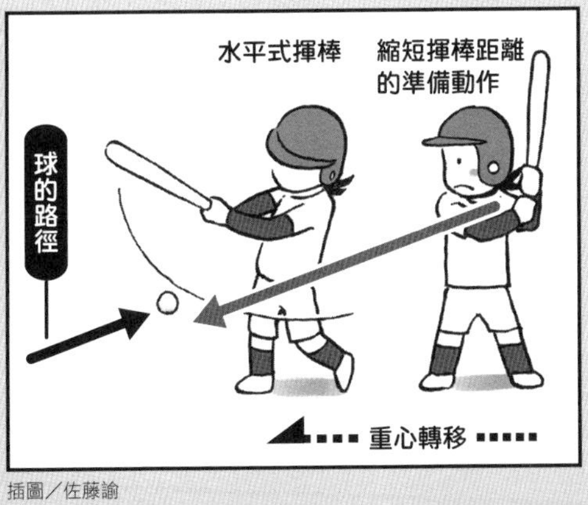

插圖／佐藤諭

排球殺球的祕訣在於善用「身體弓身與屈身的力量」

【奧運比賽項目】排球、沙灘排球（以上均有男／女子組）
【殘奧比賽項目】坐式排球（男／女子組）

想要在空中發揮力量，最重要的是更有效率的使用手臂和膝蓋

排球是每隊六人的兩支隊伍，隔著球網互相擊球，讓球落在對方場內得分的競賽。扣球和跳躍發球等強力球，都是在選手跳起的狀態下施展。選手在這種腳離地的狀態下，無法利用踹地產生的反作用力施力，因此選手必須擺出扭身曲腿的姿勢，提高擊球威力。擊球前一秒，膝蓋彎曲到接近九十度角，上半身向後扭轉。緊接著在擊中球那瞬間，膝蓋伸直，上半身回正並揮出手臂。類似橡皮筋先拉長再射出，利用身體先弓身儲存肌肉力量，再藉由屈身的動作來釋放力量，就能夠強力的扣球或跳躍發球。

插圖／杉山真理

▲扣球前一秒的動作。上半身往後扭，膝蓋大幅彎曲。

擊球前抬高手肘，擊球的力道更強勁！

想要擊出更強力的球，祕訣就是手肘必須高過肩膀。抬高手肘，手臂揮動的路徑也會變大，形成甩鞭動作，手臂往下揮的時候還能夠有效利用重力。這項理論也可以套用在棒球的投球、網球的發球上。

手肘抬高，大幅度揮出手臂。

插圖／杉山真理

兩人一隊，既要對付敵手，又要應付大自然的「沙灘排球」

沙灘排球顧名思義就是在沙灘進行的排球賽。選手在十六公尺乘八公尺的球場（排球球場是十八公尺乘九公尺）上比賽。每隊人數為兩人。選手必須與唯一的隊友互相掩護、傳球、贏得勝利，算是相當艱難的競賽。

這項競賽屬於室外競技，必須承受來自海上的風吹。需要有能力判斷海風的強度和方向並加以利用。比賽為三戰兩勝制。

插圖／佐藤諭

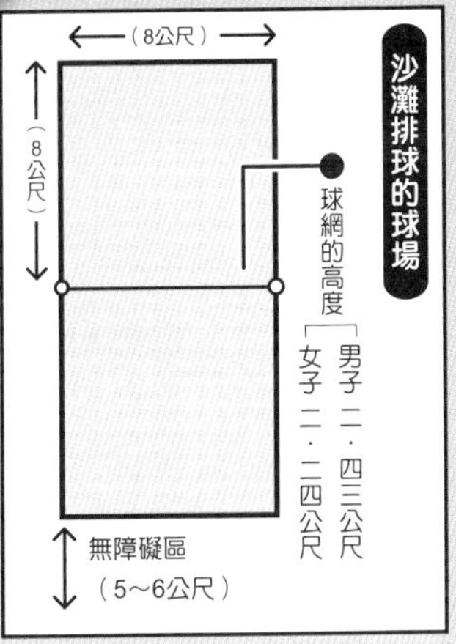
（8公尺）
（8公尺）
球網的高度
男子二・四三公尺
女子二・二四公尺
無障礙區
（5～6公尺）

沙灘排球的球場

◀球場比排球場小一圈，不過球網高度相同。

特別專欄

「坐式排球」的觀賽重點是網前的攻防戰！

這是坐在地上進行的殘奧排球比賽，主要是由下半身殘障的選手出賽。球場寬度為 10 公尺乘 6 公尺，球網的高度為男子 1.15 公尺、女子 1.05 公尺。基本規則與排球相同，每一局率先拿下 25 分、五局三勝的隊伍獲勝。第五局先取得 15 分的隊伍獲勝。但是，比賽時大腿根部到肩膀的身體某一部分不得離地。另外，比賽根據選手的殘障程度分成兩級（注：殘障與最低限度殘障），規定各隊在球場內只能有一位最低限度殘障的選手。

坐式排球的場地較窄、球網也較低，因此兩隊的選手多半是近距離互相進攻。隔著球網在眼前不斷扣球、坐著打才有可能在極度靠近地面時回球等，比賽過程充滿速度感且魄力十足。

插圖／佐藤諭

籃球最重要的是腿部肌力

【奧運比賽項目】籃球、三對三籃球（以上均有男/女子組）

【殘奧比賽項目】輪椅籃球（男/女子組）

插圖／佐藤諭

帶球上籃，跑步的力量能夠轉換成更高的跳躍力，是因為腿部肌力夠強壯。

籃球動作靠的是下半身的力量！

籃球是把球投入位在球場兩側高處的籃框，比賽隊伍分數高低的競賽。每隊各五人，必須在寬度為二十八公尺乘十五公尺的球場上比賽，在比賽過程中不停的反覆跑步、止步、轉向、跳躍等瞬間爆發的動作，是屬於困難度高的競技。進行這些動作，必須鍛鍊出比其他競賽更強的腳力（腿部肌力）。

射籃的關鍵，其實也在下半身

籃球的射籃雖然是用手投球，但這時候最重要的仍然是腿部肌力。尤其是長射，必須把雙腳跳起的動能傳送到手上，才能夠把球投得更遠。正確利用手腕的力量（作用力與反作用力），有助於更進一步增加球的飛行距離與精準度。

插圖／杉山真理

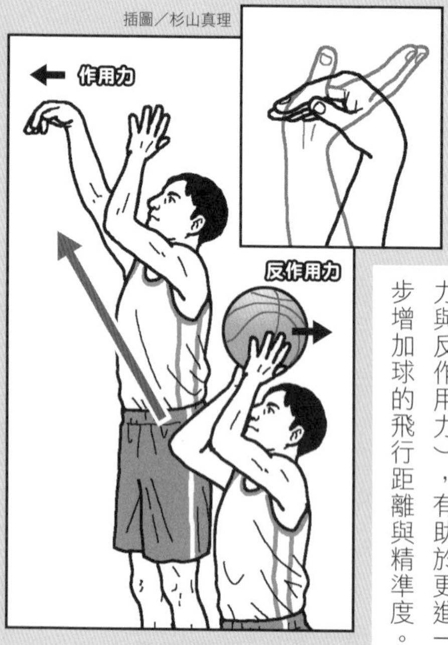
作用力
反作用力

插圖／加藤貴夫

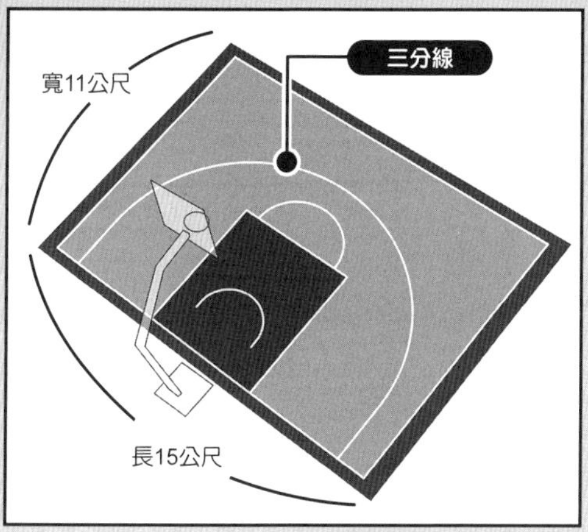

率先取得二十一分者獲勝！速度感驚人的「三對三籃球賽」

三對三籃球賽成為二〇二一東京奧運的正式比賽項目，這項新競賽源自於美國在戶外場地進行的街頭鬥牛。一如名稱所示，比賽是三人一隊（還有一位後備球員，可以不限次數換人上場），由兩支隊伍互相爭取得分。比賽時間只有短短十分鐘，得分較高的一方，或是先取得二十一分的一方獲勝。比賽規定持球隊伍必須在十二秒之內射籃。總而言之，節奏快速就是這項比賽的魅力。比賽場地如上圖所示，在三分線內射籃得一分，線外射籃得兩分。

特別專欄

進攻時魄力十足！輪椅籃球

這項殘奧比賽項目必須坐在輪椅上打籃球。規則與一般籃球賽大同小異，球場的大小與籃框高度（距離地面 3.05 公尺）的規定也相同。不同之處在於選手根據殘障程度分為 1.0 分到 4.5 分。上場打球的五名選手殘障程度總分不得超過 14.0 分。

另外，一般籃球賽選手的手裡拿著球時，不能走超過三步，輪椅籃球賽則是規定輪椅的輪子不能轉超過三圈。比賽時，輪椅相互碰撞搶球的場面，充滿與格鬥相當的魄力。

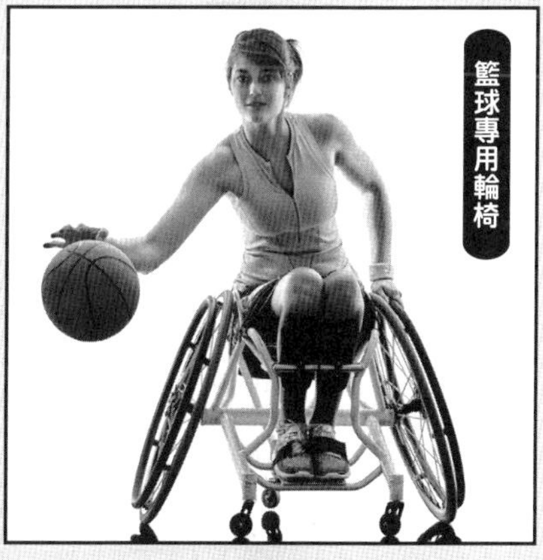

▲競賽用輪椅的車輪呈現「八」字形，與腳邊的保險桿同樣都是為了保護選手避免碰撞受傷。選手可以儘管安心與對手衝撞。

影像提供／OSTILL is Franck Camhi/Shutterstock

手球的魅力在於比賽過程的速度感

【奧運比賽項目】手球（男／女子組）
【殘奧比賽項目】地板滾球 個人（混合）、團體（混合）、雙人（混合） 盲人門球（男／女子組）等

一分鐘至少會有一次射門！

手球是類似足球加籃球的競賽。每隊七人（球員六人和守門員一人）負責傳球、運球進攻、把球射入對手的球門內得分。在六十分鐘的比賽中，兩隊得分合計會超過六十分以上，賽況多半相當精彩。

手球的球場

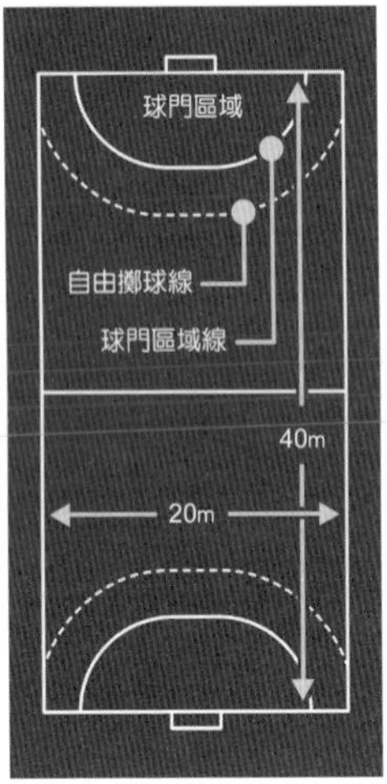
球門區域
自由擲球線
球門區域線
40m
20m

插圖／杉山真理

◀跳躍射門。上半身扭轉加上揮臂，腳彎曲再伸直，就能夠製造出時速超過 100 公里的球速。

在極近距離投出時速超過一百公里的射門

手球比賽用球的圓周長，是男子五十八至六十公分，女子五十四至五十六公分。重量是男子四百二十五至四百七十五公克，女子三百二十五至三百七十五公克。手球的尺寸比足球、排球更小，可單手抓握，相對來說重量卻偏重，這樣的設計是為了方便提升球速。比賽時跨越球門區域線是犯規，所以選手們會在球門區域線前以幾乎要撲進球門的氣勢射門。使出全身力量射門的時速，甚至可超過一百公里。

特別專欄

終極頭腦運動「地板滾球」

地板滾球是專為嚴重腦性麻痺或同等障礙的人設計的競賽。因為具有很高的戰略性質，近年來成為高人氣的殘奧賽事。比賽的項目包括一對一的個人賽、二對二的雙人賽、三對三的團體賽。兩隊各有六顆球，選手拿球朝白球（目標球）丟擲（也可以用踢的）。六顆球全部打中時，就看最靠近目標球的球比對手多幾顆，決定得分。把對手的球彈離目標球，或衝撞目標球，讓目標球靠近己方隊友的球，全都不算違規。

▲這項比賽需要具備決定攻擊位置的策略，以及把球扔進目標位置的技術。

插圖／佐藤諭

特別專欄

聽聲音進攻、防守的「門球」

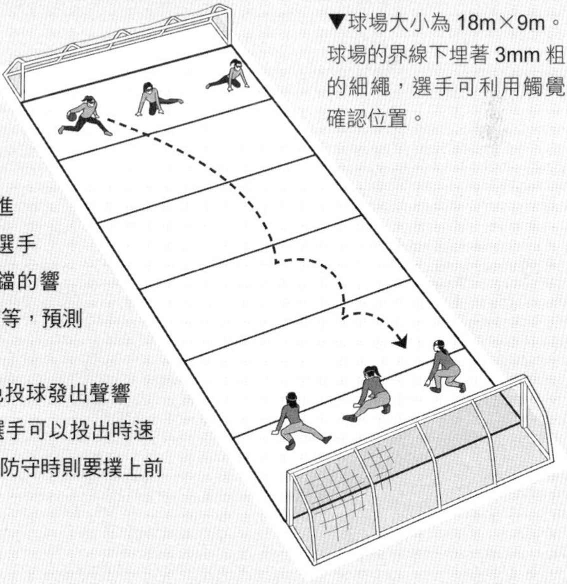

▼球場大小為 18m×9m。球場的界線下埋著 3mm 粗的細繩，選手可利用觸覺確認位置。

盲人門球是三人一隊進行的殘奧運動項目，選手互相把裝著鈴鐺的球送進對方的球門裡得分。選手比賽時，必須根據鈴鐺的響聲、地面振動、腳步聲等，預測球的方向與對手位置。

進攻時要盡量避免投球發出聲響（儘管如此，仍然有選手可以投出時速 50～70 公里的球）。防守時則要撲上前去擋球。

插圖／加藤貴夫

戰車褲

※砰
※滑跤
什麼嘛，你連球都接不住嗎？
我的褲子髒掉了啦！
你又把褲子弄髒了啊？
自己多注意點。
好。
讓你們久等了。
要踢啦。
※踢
※砰
原諒我啦，我不是故意的。
你絕對是故意的。

ドン
※推
※跌坐
已經沒有可以替換的褲子了。
咦？怎麼這樣……
拿褲子出來。
我沒有。
不過倒是有一件有點怪異的褲子。
只要是褲子什麼都可以。
「戰車褲」。
這是褲子？
口袋跟石門水庫都有喔。
沒辦法走路啊…
啊，動起來了。
這件褲子能隨心所欲移動到任何地方喔。

運動高手鍛鍊機Q&A

Q 足球還有其他不一樣的稱呼，叫什麼？ ①踢球 ②射球 ③蹴鞠

A ③蹴鞠。另外，足球在歐洲多半稱為「football」，只有美國和日本等少數國家稱為「soccer」。

運動高手鍛鍊機Q&A

Q 下列哪個傳球動作，在英式橄欖球裡屬於犯規？①向前丟 ②向左右丟 ③向後丟

A ①向前丟。選手往左右傳球時，如果稍微偏左前方或右前方，就會被判為「拋前（Throw-Forward）」犯規。

※奔馳
我想要上廁所。
哇～～來不及了！
哆啦A夢！
？
※唰～
走開，走開！
已經沒褲子可以給你穿了。

「踢」是腳的甩鞭動作

【主要項目】足球、英式橄欖球

足球的踢球方式
插圖／杉山真理
1
2
3
軸心腳朝足球旁邊跨出一大步並站穩，把力量傳送到踢球腳。
髖關節與膝關節向後，累積甩腿時的能量。
踢球腳反側的手往反向擺動，同時旋轉身體中心。

※ 腳背踢球：用腳背踢足球中央的踢球方式。

從髖關節到腳尖，加快踢球那條腿的速度

在足球比賽中，要強力射門或把球傳向遠方時，要用「腳背踢球」。腳踢的力道越強，球速和飛行距離也會跟著提升。但是踢球力道的大小不只是由腿部肌肉的強弱決定，只要懂得利用全身的力量連動，即使腿力不足，也能夠踢出強而有力的一球。

首先，踩在足球旁那隻軸心腳的腳步要大，踢球那隻腳擺動的範圍也會跟著變大。此時，軸心腳必須用力站穩，安定身體，

把奔跑的動能傳到踢球那條腿上。接著，與踢球腳不同邊的手往反向擺動，身體中心就會產生旋轉力，利用這股力量讓髖關節、大腿、小腿、腳趾像鞭子一樣甩動，順勢踢出去，以這個甩鞭動作加快髖關節到腳尖的移動速度，就能夠踢出強而有力的一球。

4
5
踢球腳像甩鞭子一樣，從髖關節處移動，把力量傳送到腳尖。

球的飛行方式與飛行距離會因施加在球上的旋轉次數出現落差

英式橄欖球的「踢」包含很多種類型，除了觸地達陣之後的追加得分（Try），以及犯規罰球要把球放在地上的「定踢（Place Kick）」之外，還有手放球直接踢出的方式。讓橢圓形球的長軸逆向旋轉的「落地奔踢（drop punt）」，前進的路徑穩定，因此方便把球傳送至目標位置。另一方面，讓球順著短軸橫向旋轉的「螺旋踢（screw kick）」，可減少球前進時承受的空氣阻力，有助於在敵隊陣地上大幅前進。

英式橄欖球的踢球方式

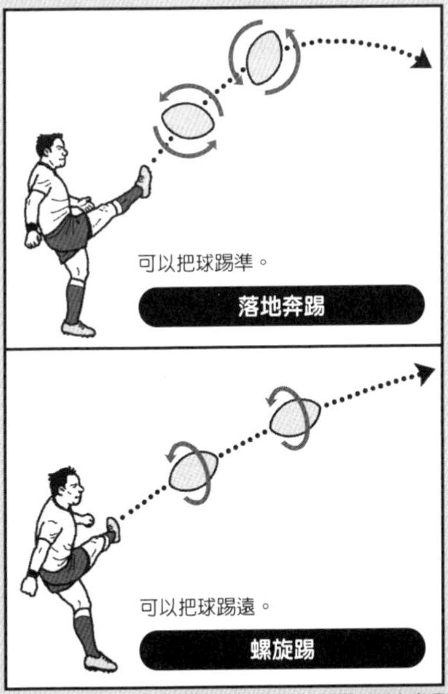
可以把球踢準。
落地奔踢
可以把球踢遠。
螺旋踢

插圖／杉山真理

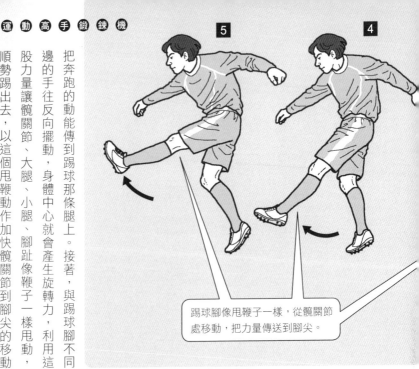

用手以外的部分操控球【足球】

【奧運比賽項目】足球（男／女子組）

【殘奧比賽項目】五人制足球（男子組）

「足球」的英文名稱為什麼有兩種？

足球是不使用手，光靠腳和頭移動球、把球送入對手球門得分的運動。一般認為這項運動是起源於中世紀歐洲的足球賽。但當時除了把球射進定點以外，幾乎沒有制定規則，不只可以用腳踢球，也可以用手拋擲球。而且比賽是在街頭或廣場進行，因此每每都會引起暴動。

插圖／佐藤諭

▲中世紀的足球賽在街頭進行。比賽粗暴到球員甚至會踢人。

當時每個地區都有自己的足球規則，真正統一則要到十九世紀之後。一八六三年，英格蘭的足球俱樂部代表集合在一起成立足球協會，決定了現在使用的規則。那個時候，對於「禁止用手」這項規定持反對意見的人，就另組協會，誕生出英式橄欖球這項新競賽。

後來，遵循著禁止用手這項規定的足球，就稱為協會式足球（association football，或稱英式足球），前面的 association 縮寫成 soc，再加上 er，就成了「soccer」這個詞。目前全世界除了日本之外，稱足球為「soccer」的，還有美國等部分國家。歐洲等多數地區仍然稱足球為「football」。

▼到了 19 世紀才統一規則，除了守門員之外，所有選手都禁止以手碰球。

插圖／佐藤諭

不曉得飛往哪兒
無旋轉射門的原理

朝對手的球門射門時，只要改變踢球的位置和強度，球的動向就會跟著改變。舉例來說，踢球時用擦的、踢在球中心偏外側的位置，球就會旋轉，在射門時大幅度向左或向右轉彎。

另外一種踢法是以球鞋內側重重踢在球的中心，不使球旋轉，球就會上下左右晃動的飛出。前進時不旋轉的球，後方會產生氣旋，氣旋會不規律的移動位置，把球向四面八方推擠或是拉扯。這種踢法稱為無旋轉射門，難以預測前進方向，因此也很難阻擋。

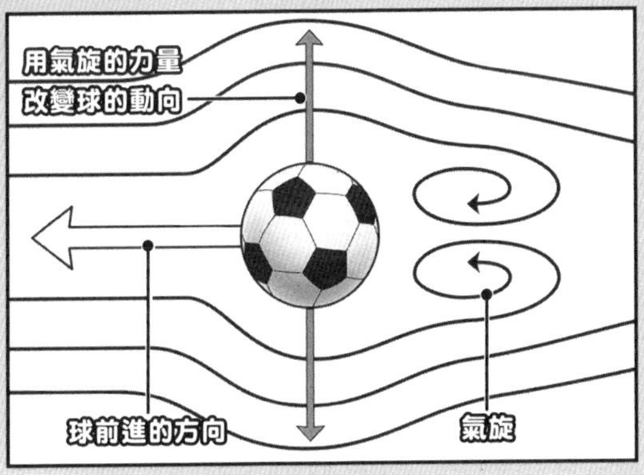
用氣旋的力量
改變球的動向
球前進的方向
氣旋

插圖／加藤貴夫

無旋轉射門

球速越快，氣旋的力量越強，球前進的路徑也容易變得不規律。

插圖／加藤貴夫

瞬間掌握全場的能力，決定選手的水準

比賽時，選手與球不斷的持續移動，因此選手必須具備足夠的認知能力，懂得靠眼睛收集球場上的情報，用腦袋分析，才能夠準確傳球與射門。選手需要轉動脖子查看視線範圍外的球場情況，精準掌握對手的位置與動向，才能夠正確判斷接下來的球要怎麼踢。

插圖／加藤貴夫

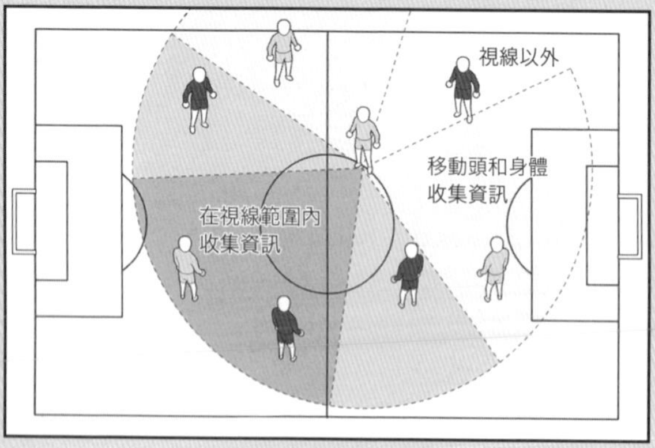
視線以外
移動頭和身體收集資訊
在視線範圍內收集資訊

但是，比賽時可沒有那個閒工夫讓你慢慢觀察，因此一流選手要有出色的瞬間視力，能夠一眼就正確記住眼前的資訊，並且懂得配合賽況選擇必須優先注意的目標。他們有能力仰賴過去比賽和練習時累積的諸多經驗，快速預測接下來可能出現的賽況發展，鎖定少數對象有效率的取得資訊，快速做出判斷並採取精準的行動。

用眼睛收集資訊。
分析資訊，決定下一步。
配合決定進行比賽。

插圖／佐藤諭

從多面體到接近球體，足球的演進

足球的專用球看起來是球體，事實上是由多枚皮片組成的多面體。大家常見的黑白格足球，也是由十二片黑色

影像提供／日本愛迪達（股）公司

森巴榮耀 BRAZUCA (2014)	普天同慶 JABULANI (2010)	團隊之星 TEAMGEIST (2006)	阿茲特克 AZTECA (1986)	電視之星 TELSTAR (1970)
▲僅使用 6 片相同的十字形皮片接合而成。	▲使用兩種立體皮片接合而成，每種各 4 片共計 8 片。	▲採用熱壓技術黏合皮片，並把片數減少至 14 片。	▲皮片從牛皮換成人造皮，成功減少吸水。	▲使用 12 塊黑色五角形皮片與 20 塊白色六角形皮片製成。

※ 球名後面的數字，代表此球當作官方比賽用球的世界盃足球賽舉辦年度。

正五角形與二十片白色正六角形以線縫合製成。

專門負責提供世界盃足球賽官方比賽用球的愛迪達公司，為了讓球的形狀更接近圓形球體，不斷改良製作的技術。先是減少球面皮片的片數，接著又開發出以熱黏合技術接合皮片的球。皮片沒了縫線，不管踢球的任何面向都能夠施加相同的力量，也能夠減少空氣阻力，更方便控制球飛行的路徑。

特別專欄

五人制足球仰賴物品聲響與人聲

也稱為「盲人足球」的五人制足球隊伍，是由四名有視覺障礙的球員，加上一名視力健全或弱視的守門員組成。比賽場地的大小與室內五人制足球（Futsal，又稱室內足球）一樣，球員必須戴上眼罩完全遮住眼睛比賽。這個時候選手仰賴的就是「物品聲響」與「人聲」。

比賽中使用的是裡面裝有金屬顆粒的球，一滾動就會發出聲響，較容易掌握球的位置與速度。另外，選手在進攻側時，負責下指示的是站在對手球門後面的領隊（非選手），在防守側時是守門員，在賽場中段時則是教練。選手們根據聽到的資訊，在腦中想像球場的模樣進行比賽。

全體隊員把球送往前方【英式橄欖球】

【奧運比賽項目】七人制橄欖球（男／女子組）

【殘奧比賽項目】輪椅橄欖球（混合）

與「足球」分家後誕生的「英式橄欖球」

在七十六頁的足球歷史中提過，英式橄欖球與足球原本是相同的競賽。一般認為一八二三年，英國公學（貴族私校）的足球比賽上，有選手帶球跑過球門，就是英式橄欖球的起源。

後來，與足球協會分道揚鑣的眾人，成立了橄欖足球（Rugby football）協會。英式橄欖球每場比賽由兩支隊伍相互競爭，每隊十五人。目前的計分規則是，把球送到對手的球門線後方「觸地得分（Try）」，或是踢球飛越球門橫桿上方得分均可。

插圖／佐藤諭

▲在英國著名的貴族學校「拉格比公學（Rugby School）」舉行的比賽，是英式橄欖球的起源。

橄欖球為什麼是橢圓形？

英式橄欖球這項運動在過去被視為是可用手的足球賽，原本的用球與足球同樣是球形，不確定是從何時開始變成橢圓形。改用橢圓形球的原因眾說紛紜，最有可能的說法就是，以前的橄欖球是把細長的豬膀胱像吹氣球一樣吹漲，表面再貼上牛皮製成。因為豬膀胱的重量輕又有彈性，橄欖形也比球形更方便夾抱在腋下。另一方面，球是橄欖形的話更容易旋轉，踢球或傳球時能夠飛得更遠，因此適合橄欖球賽使用。

插圖／加藤貴夫

七人制橄欖球與十五人制橄欖球哪裡不同？

男子、女子七人制橄欖球（一般稱為 Sevens）從二〇一六年的里約奧運會起，成為奧運比賽的正式項目。比賽場地的大小與十五人制橄欖球相同，比賽時間是上下半場各七分鐘，中場休息兩分鐘以內（十五人制是上下半場各四十分鐘，中場休息十分鐘以內）。

基本規則也幾乎與十五人制橄欖球差不多，三名前鋒排一列，列陣爭球（Scrum，又稱「正集團」、「司克蘭」），守在後方的四名後衛把球往前送。一隊只有七個人，卻要在與十五人制一樣大的場地競賽，持球的選手很可能閃過一次擒抱（Tackle）就觸地得分（Try），因此很少出現十五人制那樣，身強體壯的前鋒選手擠在一起互相推擠爭球的場面。七人制比賽通常是充滿速度感，選手利用快跑或假動作擺脫對手，球也經常在移動。此外，球一旦落入敵隊手中就很難搶回來，所以讓球在地面彈跳一次再往前踢的「落地踢（drop kick）」，必須把球踢到自己的隊友方便趕上接住的正確位置才行。

七人制與十五人制的選手人數與守備位置皆不同

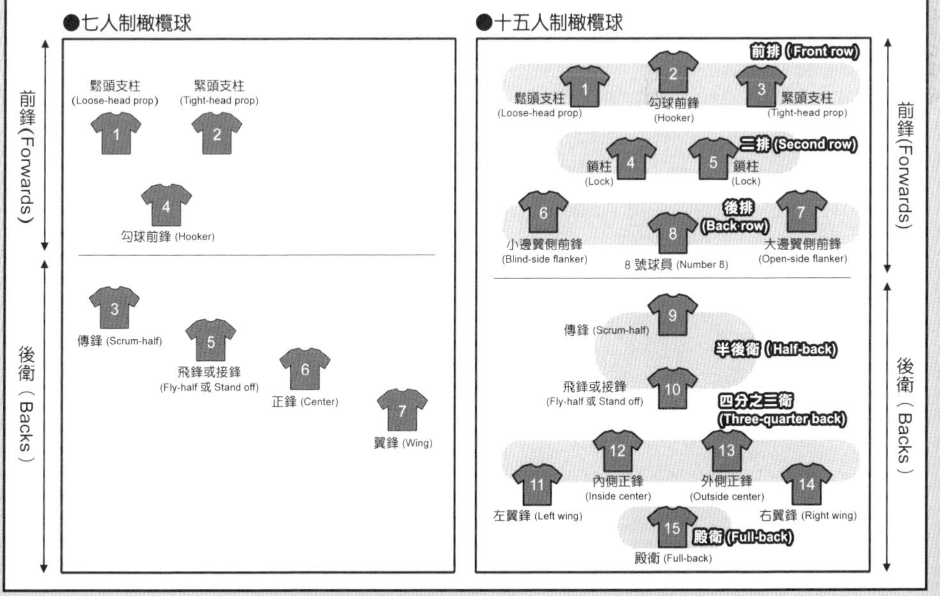

●七人制橄欖球
前鋒(Forwards)
1 鬆頭支柱 (Loose-head prop)
2 緊頭支柱 (Tight-head prop)
4 勾球前鋒 (Hooker)
後衛（Backs）
3 傳鋒 (Scrum-half)
5 飛鋒或接鋒 (Fly-half 或 Stand off)
6 正鋒 (Center)
7 翼鋒 (Wing)
●十五人制橄欖球
前鋒(Forwards)
前排 (Front row)
1 鬆頭支柱 (Loose-head prop)
2 勾球前鋒 (Hooker)
3 緊頭支柱 (Tight-head prop)
二排 (Second row)
4 鎖柱 (Lock)
5 鎖柱 (Lock)
後排 (Back row)
6 小邊翼側前鋒 (Blind-side flanker)
7 大邊翼側前鋒 (Open-side flanker)
8 8 號球員 (Number 8)
後衛（Backs）
半後衛 (Half-back)
9 傳鋒 (Scrum-half)
10 飛鋒或接鋒 (Fly-half 或 Stand off)
四分之三衛 (Three-quarter back)
11 左翼鋒 (Left wing)
12 內側正鋒 (Inside center)
13 外側正鋒 (Outside center)
14 右翼鋒 (Right wing)
殿衛 (Full-back)
15 殿衛 (Full-back)

插圖／加藤貴夫

大尺寸的橄欖球要如何筆直且精準的傳球？

打橄欖球時，把球傳給前方的選手或使球落地，都是犯規。朝敵隊的球門進攻時，必須把球筆直且精準的傳給在自己旁邊或後方的隊友。

插圖／加藤貴夫

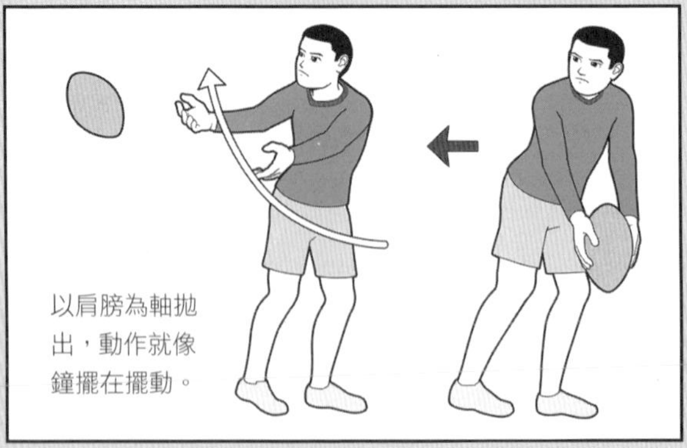
以肩膀為軸拋出，動作就像鐘擺在擺動。

因此，傳球不是由上往下丟，必須由下往上拋，方便隊友接球。

橄欖球的傳球動作，是從肩膀到手臂像鐘擺一樣甩動，利用手腕力量拋球是基本動作。假如只用手指力量拋球，球很容易因為重力下墜，但如果加上肩膀到手腕這段手臂距離，產生很大的離心力，就更容易施力，把球投到目標位置。這時候，讓球順著長軸方向旋轉的話，球就能夠穩定朝著旋轉軸所指的方向前進。這種現象稱為陀螺效應（gyro effect，或稱旋轉效應），經常用在傳球給遠處選手的時候。

日本橄欖球國家代表隊運動服配合守備位置有不同的製作方式

橄欖球的守備位置不同，需要的打球方式也不同，選手的體型與活動方式也會配合這一點跟著改變。因此，負責開發日本橄欖球國家代表隊運動服的 CANTERBURY OF NEW ZEALAND JAPAN INC.，為了二〇一九年的世界盃橄欖球賽，配合各守備位置設計了三款運動服。

站在隊伍最前面的前排前鋒，需要與敵隊前鋒列陣爭球，近距離碰撞交纏，因此衣服必須具備耐得住劇烈碰撞的堅韌強度，也必須配合胸肌較壯碩的體型。列陣爭球時，在後方支持前排前鋒、進行攻擊時要與後衛陣營一起來回奔跑的二排前鋒、後排前鋒的服裝，則必須兼具耐用與輕量。最後面負責把前鋒搶下的球往前送的殿衛，衣服必須具有不易被對手抓住的功能。

該公司配合守備位置更換運動服的材質與製作方式，才能夠像這樣製作出不同的外型和功能。需要列陣爭球的前鋒專用的布料，是採用「經編」方式編織而成，可避免布料過度拉扯變形、脫離身體正確位置造成力量分散。相反的，需要在球場裡到處奔跑的後衛專用的布料，則是以輕量、容易伸縮的「圓編」方式製成。

影像提供／江戸村のとくぞう via Wikimedia Commons

▲橄欖球是一個有很多身體衝撞與拉扯的運動，因此球衣很強調耐用和韌性。

特別專欄

猛烈互撞！戰況激烈的輪椅橄欖球賽

© Travability Images/Shutterstock.com

輪椅橄欖球是由手腳殘障的選手，不分殘障程度高低或男女，四人組成一隊進行。隊伍雙方在與籃球場等寬的場地內比賽，選手把球擺在大腿上，操控競技輪椅，輪椅的兩個輪子越過達陣線（Try line）就算得分。與橄欖球的不同在於可以往前傳球。

選手使用的競技輪椅，分為進攻型與防守型兩種。輕度殘障的選手使用進攻型，一體成形的外型使得小幅度的迴轉更加容易。重度殘障選手使用的防守型輪椅，為了阻擋對手行動，因此保險桿很大很突出。另外，在比賽中，可以用輪椅進行擒抱等劇烈碰撞，車輪保護套往往到處都是損傷，輪子還會爆胎，因此這種運動也被稱為「殺人球」。

差點計分帽

那是因為……
你有意見嗎？有種就給我放馬過來!!
算了……
真是不甘心……
可是胖虎實在太強了！
喂——大雄！
你看！你看！
我參加高爾夫球比賽，終於拿到冠軍了！
咦!?

運動高手鍛鍊機Q&A

Q 聽說高爾夫球賽沒有裁判，這是真的嗎？

※咕唧咕唧

ホクホク
真是難以置信。
為什麼？
球技那麼差的爸爸，居然可以拿到冠軍。
你這是什麼意思!?
因為採「差點制計分」，所以就算球技差……不，應該說球技沒那麼好的人，一樣有機會獲勝。
差點制計分？
就是高爾夫球比賽呢……
是計算每個人在比賽期間，總共揮了多少桿的比賽。
我知道！揮得比較多的人就能獲勝！
剛好相反。
在比賽開始前，會先決定好每個人的差點數。
球技好的人差點數就少，反之點數就多。
比完整個賽程後，再由每個人的揮桿數，減去自己的差點數。
我知道了！原來爸爸是因為差點數比較大才會贏的！

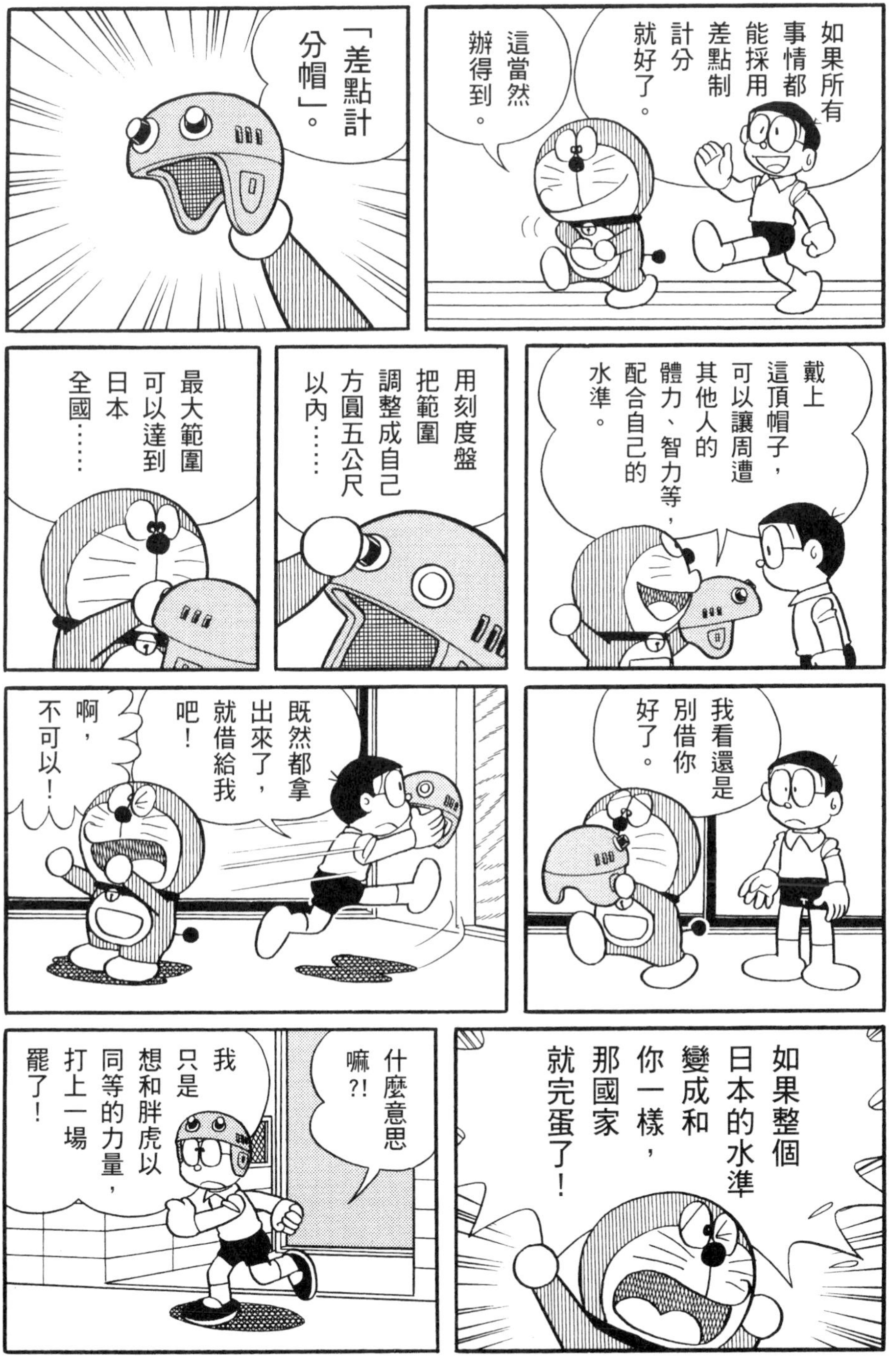
如果所有事情都能採用差點制計分就好了。
這當然辦得到。
「差點計分帽」。
戴上這頂帽子，可以讓周遭其他人的體力、智力等，配合自己的水準。
用刻度盤把範圍調整成自己方圓五公尺以內……
最大範圍可以達到日本全國……
我看還是別借你好了。
既然都拿出來了，就借給我吧！
啊，不可以！
如果整個日本的水準變成和你一樣，那國家就完蛋了！
什麼意思嘛?!
我只是想和胖虎以同等的力量，打上一場罷了！

A 真的。高爾夫球在十八世紀時，以上流階層為中心逐漸普及，也被稱為是「紳士的運動」，因此是由球員自己誠實計分。

九十八……
九十九……
一百！
不愧是胖虎！做了一百下!!
這種小事都做不到怎麼稱得上是最強的男人……
是大雄啊。
站在那邊傻笑什麼？
我對剛才那件事還是感到不滿！
什麼？
想討打是吧!?
有種來打啊!!
大雄真是個傻瓜耶！
咦？
挺能打的嘛……
似乎很難分出勝負。

運動高手鍛鍊機Q&A

Q 桌球稱為乒乓球是因為擊球的聲音聽起來像「乒、乓」。這是真的嗎？

A 真的。十九世界時使用的球拍是貼著羊皮，做得像一面鼓，因此每次擊球都會聽到「乓、乓」的聲響。

※拍、拍 ※啪嗒、啪嗒

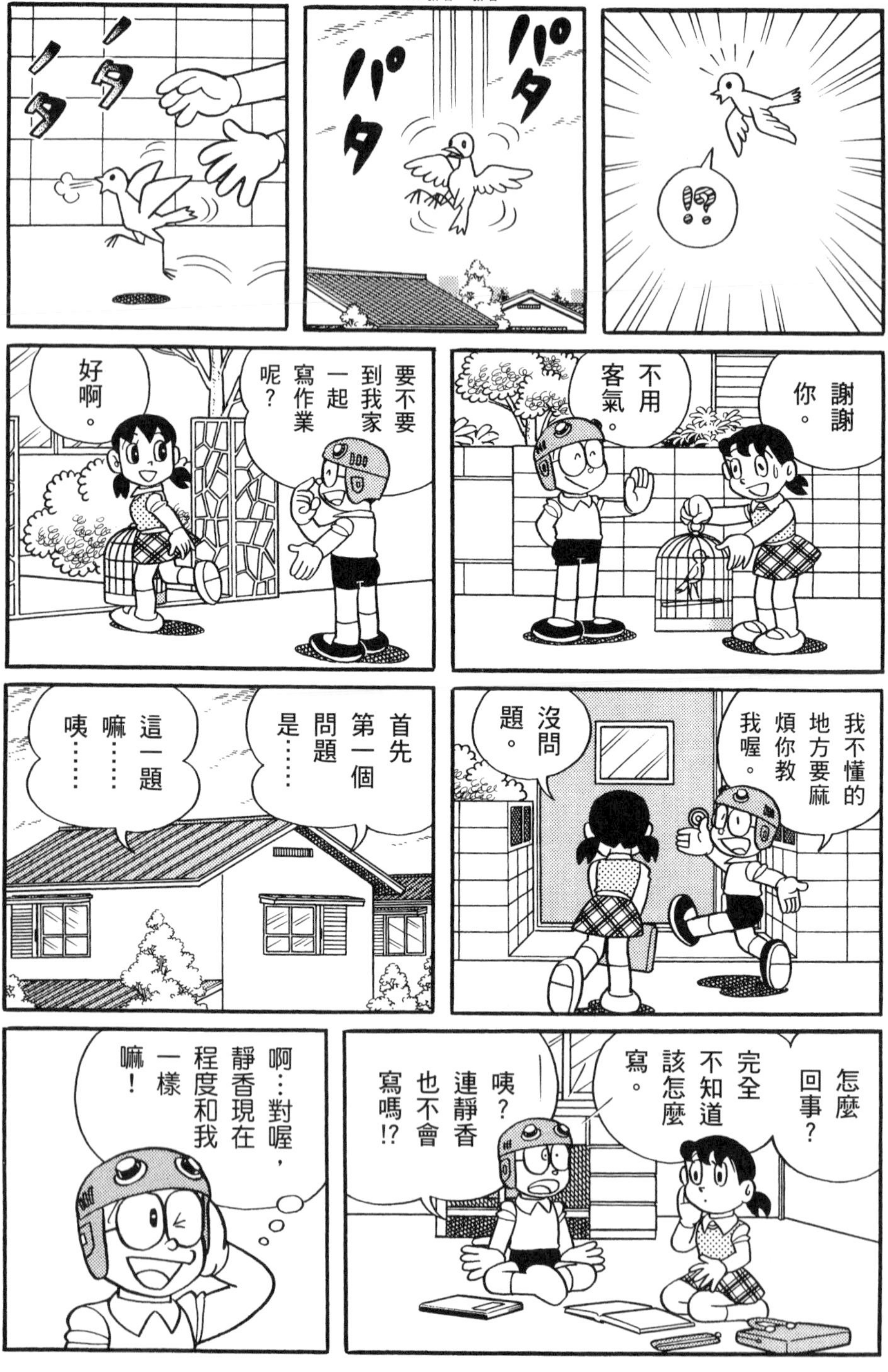
!?
パタ パタ
パタ パタ
謝謝你。
不用客氣。
要不要到我家一起寫作業呢？
好啊。
我不懂的地方要麻煩你教我喔。
沒問題。
首先第一個問題是……
這一題嘛……咦……
怎麼回事？
完全不知道該怎麼寫。
咦？連靜香也不會寫嗎!?
啊…對喔，靜香現在程度和我一樣嘛！

運動高手鍛鍊機Q&A

Q 日本選手曾經在奧運上拿到金牌的賽事，是下列何者？①網球 ②桌球 ③羽球

對了，我們去問出木杉吧！
咦!?
那傢伙會懂嗎？
這應該難不倒出木杉才對。
我正好也在寫作業，
大家一起討論吧！
……
……
我也完全搞不懂啊！
咦…連出木杉都不懂!?
我說的沒錯吧！
作業沒寫完，我怕明天老師會……
這就交給我吧！
老師，午安！

A ③羽球。二〇一六年在里約奧運會上，女子雙打的松友美佐紀、高橋禮華兩位選手，奪下日本第一面金牌。

那麼簡單的問題，你居然不會寫！你上課時到底在幹嘛!?
……
……
連我也不會……
老師說今天的作業可以不用寫了。
太好了!!
現在大家的能力都和我一樣了，真好。
這樣才是公平的世界嘛！我看乾脆讓整個日本都……
唉～我就知道。
絕不能讓他這樣亂來！
雖然這樣很殘忍，但不給他一點教訓的話……
等一下喔……
?
假如給別人戴，
讓我變得和別人一樣，應該也不錯。
好別緻的安全帽喔！

運動高手鍛鍊機Q&A

Q 從第一屆殘奧起就舉行的競賽項目是哪一個？①地板滾球 ②坐式排球 ③田徑

腦袋突然清晰很多。
我剛剛已經將刻度盤調為方圓一百公尺了。
現在我也是天才了!!
以前從沒注意到的事情，怎麼想也想不通的疑惑，漸漸變清楚了……
可是……
這全是託出木杉的福，令我汗顏啊……
我也希望能變得聰明些，那麼只能憑自己用功唸書囉……
還真是普通的結論呢。
那倒未必！你能夠自己想到這點，這也是頭腦變聰明的證明啊！

A ③田徑。其他還有桌球、輪椅籃球、射箭等，共有八項比賽項目。
（注：延期至二〇二一年夏季舉行的二〇二〇年夏季殘障奧運會，也就是第十六屆殘奧會，共有二十二個項目。）

揮舞工具【操控運動】

【主要項目】高爾夫球、網球、羽球、桌球、槌球

高爾夫球的揮桿
雙腿張開與肩同寬，上半身扭轉的同時轉動肩膀，把球桿揮到最高位置。
夾緊雙臂，把球桿往下揮，做出鐘擺動作。用左腳阻止身體往前傾，就能夠增強揮桿的力道。

插圖／杉山真理

球桿和球拍都是手臂的延伸！抓住感覺之前都需要反覆練習

插圖／佐藤諭

揮舞道具打球的球類運動項目很多，包括高爾夫球、網球、桌球等。揮桿或揮拍的優點是，可利用揮舞時產生的離心力或道具材質產生的反彈力，製造出更大的力量。球速與飛行距離也能夠達成徒手辦不到的水準。

但是，學會使用道具不是那麼簡單。習慣道具的長度和重量之後，把道具當成手腳操控，憑感覺掌握最佳擊球點（sweet spot，也稱甜蜜點或甜區），再以該道具反擊出最強一球，這需要反覆進行空揮等基本練習。

桌球的揮拍
動作乾淨俐落，才能夠避免轉身與重心轉移時上半身不穩定。
網球的揮拍
扭腰，重心往前移動，上半身很自然的跟著左手收回而轉動。

插圖／杉山真理

使用道具讓球旋轉的方法

使用道具，不只是擊球更猛烈，施加在球上的旋轉力道也會增強。因為擊中球的瞬間，道具與球接觸的面積大，很容易使球旋轉。球能夠如你所願轉彎或停止，就是重要的技巧。打無旋轉的球時，要直接打在球的中央。另外，想要讓球旋轉有幾個方法，例如：不能打在球的中心。如果是高球桿或球拍就要用特定角度打，或者是利用手腕力量讓道具從球邊擦過等。

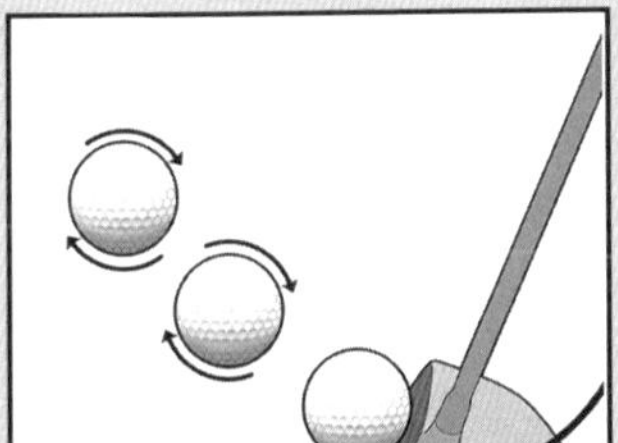
高爾夫球的迴轉球（backspin）

◀打在球的下側，球就會出現與前進方向相反的逆向旋轉。此時，球落地後就會往回滾。

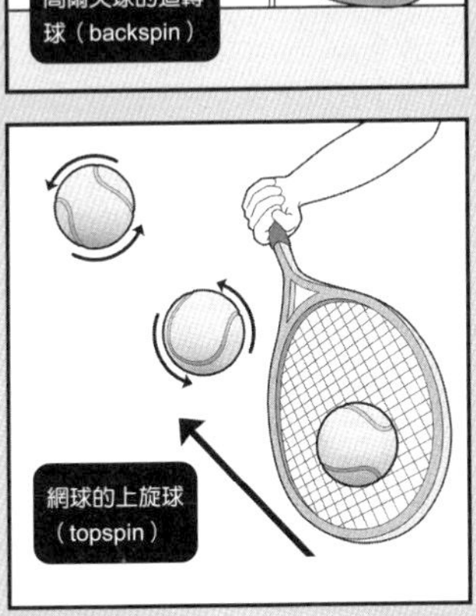
網球的上旋球（topspin）

◀由下往上擦著球打，球就會出現與前進方向相同的正向旋轉。此時，球落地後會高高彈起。

插圖／加藤貴夫

持續往更遠、更精準進化的【高爾夫球】

【奧運比賽項目】高爾夫球 個人（男／女子組）

讓球飛遠的方法 就是提升桿頭速度

插圖／加藤貴夫

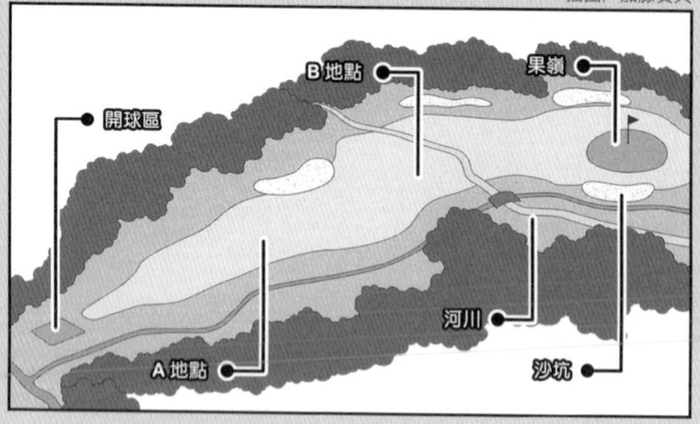
開球區
B地點
果嶺
河川
A地點
沙坑

高爾夫球是在長度與分布方式皆不相同的十八洞球場上，比賽誰打的總桿數最少的競賽。為了減少得分，必須配合洞的分布位置找到明確的策略正確打球，延長球的飛行距離。

正確打球的重要性毋庸置疑，但為什麼球的飛行距離也很重要？上圖就是其中一種十八洞的分布範例。由圖可知，多數球洞規劃在路徑會中途轉彎、果嶺附近有沙坑或河川等障礙物。而高爾夫球桿的特性是，能夠使球飛得越遠的球桿，準確度越差。因此，第一洞開球時產生的飛行距離差異（球飛到A地點或B地點），將會大幅影響接下來整場球賽的難易度。

如果想要延長球的飛行距離，就必須提升桿頭速度（高爾夫球桿的前端）。按照九十四頁解說過的，在揮桿擊球時注意身體的扭轉動作、鐘擺動作、阻止身體往前傾，快速揮動球桿很重要。

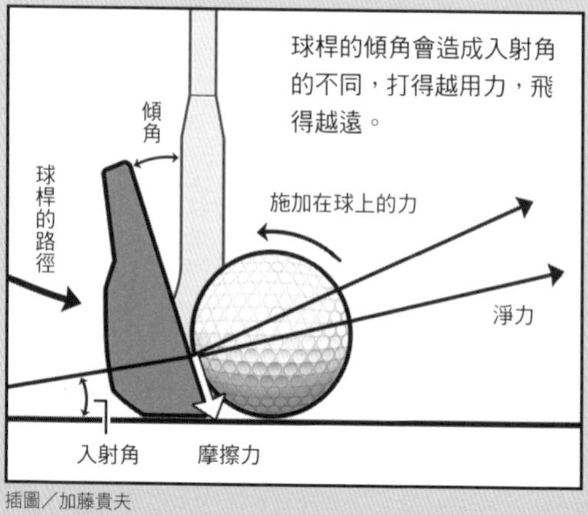
球桿的傾角會造成入射角的不同，打得越用力，飛得越遠。
傾角
球桿的路徑
施加在球上的力
淨力
入射角
摩擦力

插圖／加藤貴夫

AI設計的高爾夫球桿 達成前所未有的飛行距離！

為了追求更遠更準確，高爾夫球用品的進化日新月異。事實上直到一九八〇年代初期為止，開球桿（能夠打出最遠距離的球桿，或稱一號木桿）的桿頭都是木製的。後來變成金屬製，現在的主流是鈦合金製，甚至出現了AI人工智慧設計的桿面。由Callaway Golf卡拉威高爾夫球公司所開發的這一款球桿，發展出新一代的「EPIC」系列，經歷過人類不可能做到的數萬次設計與修改，能夠打出前所未有的飛行距離。

影像提供／Callaway Golf卡拉威高爾夫球公司

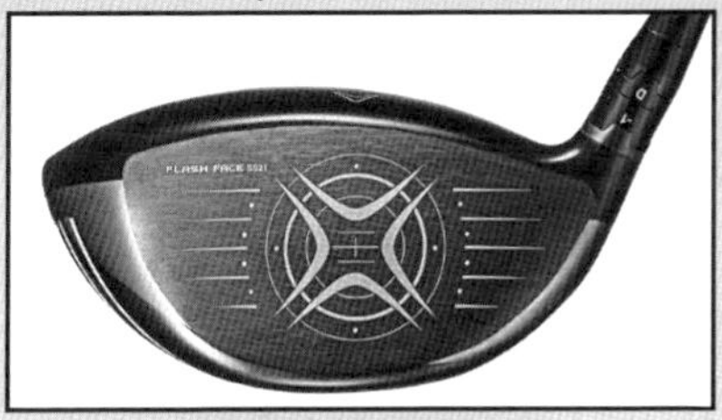

▲擊球的桿面有左右不對稱的凹凸，這是人類意想不到的點子。

▲Callaway Golf卡拉威「EPIC」系列高爾夫球桿

影像提供／Callaway Golf卡拉威高爾夫球公司

高爾夫球面的小凹洞 有助提升飛行距離與準確度

高爾夫球的球體表面有著許多圓形凹洞。如果球身平滑，飛行時會在球的後方形成空氣亂流，降低飛行距離與準確度，因此加上凹洞，抑制亂流發生，使氣流能夠順利通過。據說飛行距離比平滑的球多出一點五倍。近年來也陸續出現六角形凹洞、長方形凹洞的高爾夫球產品。業者正不斷開發出在飛行距離與準確度方面表現更優異的球。

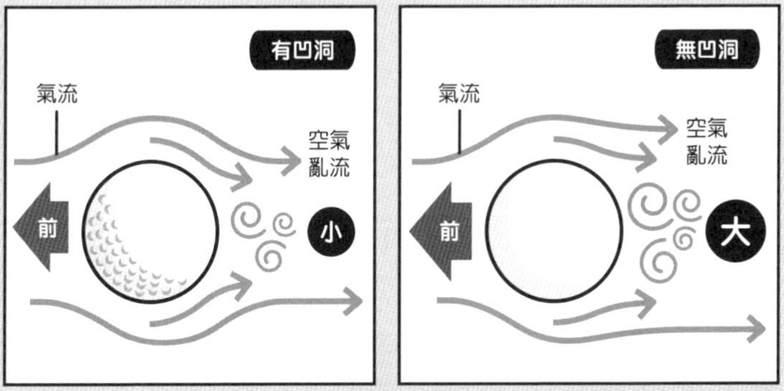

▲球後方形成的空氣亂流大小，會造成飛行距離與準確度出現很大的落差。

網球是看似優雅、實則強悍的運動

【奧運比賽項目】網球 單打（男／女子組）、雙打（男／女／混合）

【殘奧比賽項目】單打、雙打（以上均有男／女子組）、單人輪椅網球（混合）、雙人輪椅網球（混合）

以芭蕾般優美的動作擊出強勁的一球

運動時，簡潔俐落又合理的動作看起來賞心悅目。尤其是網球的動作，有時看來猶如芭蕾舞般優雅美麗。但事實上網球是充滿力量又強悍的競賽，發球時速可以超過兩百公里（男子選手最高紀錄是二百六十三點四公里），而且對打時間長（一盤平均三十～四十分鐘，分為三戰兩勝和五戰三勝兩種。比賽時間最長紀錄是二〇一〇年溫布敦網球賽的十一小時五分鐘）。選手彼此間的拉鋸、爽快的跳躍擊球等，都是值得一看的精彩之處。

插圖／佐藤諭

跳躍擊球的打法

▶跳起的同時，以左腳為軸心，右腳往前抬高。

▶右腳往後甩，利用作用力與反作用力加上身體的扭轉揮拍。

插圖／杉山真理

基本的擊球類型有平擊球、旋球、削球這三種

插圖／加藤貴夫

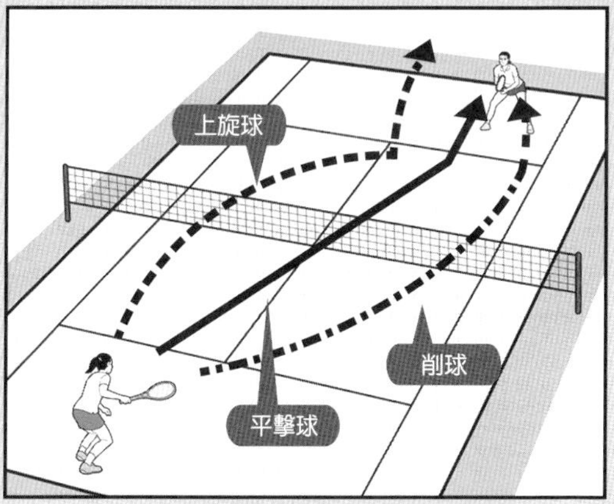

網球的球種大致上可分為三種，第一種是平擊球。球必須筆直穿越球場，因此不使球旋轉，是速度最快的決勝球。第二種是旋球，也稱為上旋球。由下往上擦著球打，使球縱向旋轉的擊球方式。擊出去的球在半路上就會大幅度下墜，落地後再彈起。第三種是削球，從側面切球，使球橫向旋轉，因此右手擊球，球會往左轉彎；左手擊球，球會往右轉彎。飛行弧度相對平緩，因此通常當作等待決勝球的喘息機會。

擊球瞬間大喊一聲，可解除身體的限制！

插圖／佐藤諭

人類的身體一旦使用超過極限，就有受傷的風險，因此本能上會有所保留。但是，大喊一聲就能夠暫時解除這個身體限制。擊球時，選手經常出聲大喊，就是這個原因。

網球拍的技術革新改變了打球風格

網球拍與高爾夫球桿一樣，不斷的在進化。早期使用木製網球拍時，最佳擊球點的範圍比較小，對於新手來說很辛苦。現在已經開發出使用航太技術的高強度碳纖維製網球拍。

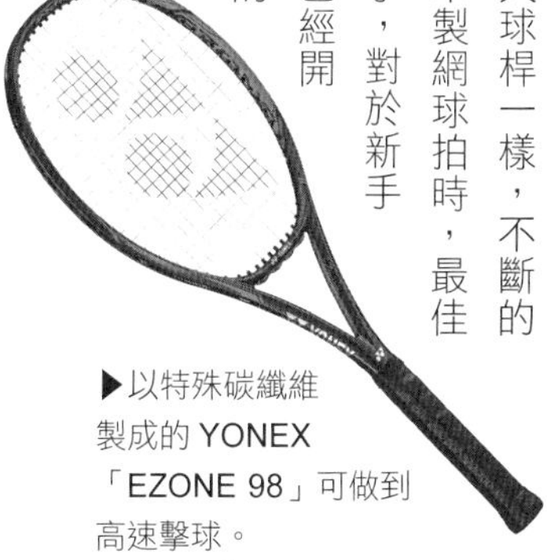

▶以特殊碳纖維製成的 YONEX「EZONE 98」可做到高速擊球。

影像提供／YONEX Co., Ltd

輪椅網球請見 105 頁

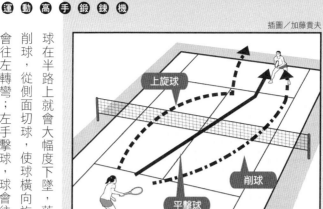

羽球的殺球時速可達五百公里！

【奧運比賽項目】羽球 單打（男/女子組）、雙打（男/女/混合）

【殘奧比賽項目】單打（男/女子組）、雙打（男/女/混合）

金氏世界紀錄認證，超高速殺球的祕密

◀利用挺胸、上半身扭轉、膝蓋彎曲伸直、手肘翻轉等揮拍擊球。

插圖／杉山真理

羽球是以羽球拍把羽毛球打過球網的運動，而且我想很多人都會感到意外，它是揮舞道具的競技中，擊球初速最快的運動。二〇一三年馬來西亞選手陳文宏創下經金氏世界紀錄認證的跳躍殺球紀錄，速度高達時速四百九十三公里！這個速度是將近網球發球最高速度的兩倍。

輕巧快速的揮拍，以及在高處跳躍擊球等，都是創造出這種速度的祕密。

主要球類運動的最高初速參考值	
羽球（殺球）	約500km/h
高爾夫球（一號木桿開球）	約300km/h
網球（發球）	約260km/h
棒球（投球）	約170km/h
足球（射門）	約140km/h

空氣阻力使羽毛球瞬間減速

雖然羽球的初速很快，但是空氣會在羽毛球的羽毛上產生強大的阻力。因此球到達對手面前時，已經減速到大約時速一百公里。就是因為速度落差太大，很難預測球落下的位置。

插圖／加藤貴夫

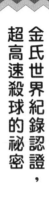

插圖／加藤貴夫

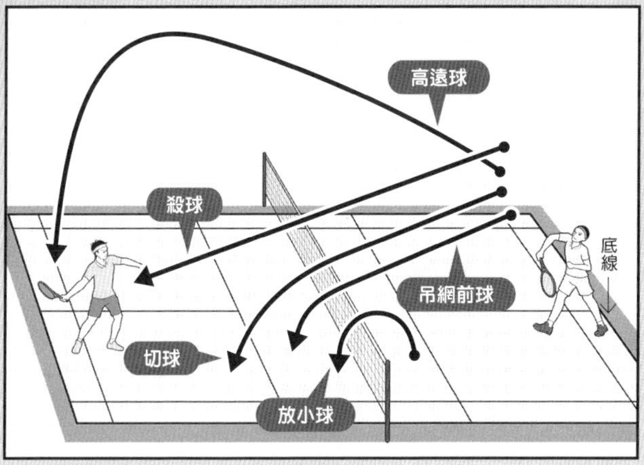
高遠球
殺球
吊網前球
底線
切球
放小球

施展多樣化的球路迎戰，策略性之高也備受矚目！

相較於同樣使用球拍揮球的網球，球會減速的羽球雙方多半會有很長的拉鋸戰，因此，選手們會試著打出各種球來讓對手措手不及，或是誘使對手犯錯。接下來將介紹幾種羽球最具代表性的球路。

第一種是殺球，用力揮拍使球快速直線前進。擊球位置越高，威力也越提升。

而第二種是高遠球，打高遠球的目的，是為了讓球飛越對手頭頂，落在逼近底線的位置。這也可以逼迫對手往後退，預防對方採取快攻，並有效使敵陣前場出現空隙。

吊網前球（或稱吊球）是讓球輕輕落在對方場地的網前。在高遠球之後打出吊網前球，更有助於得分。

在網前把球打進對方那一側的網前，稱為放小球。這種球很容易掛網，因此難度頗高。

插圖／佐藤諭

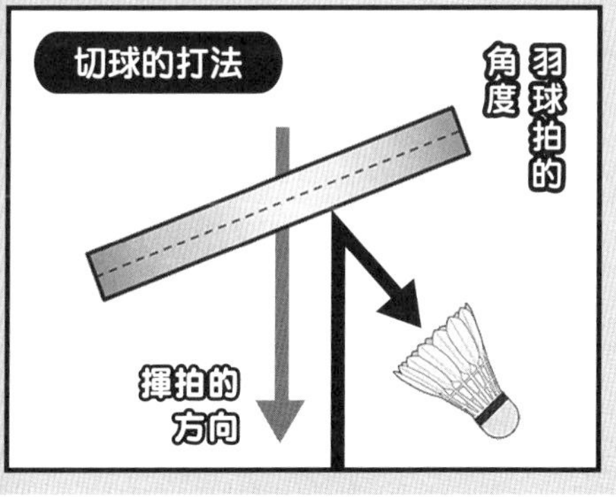
切球的打法
羽球拍的角度
揮拍的方向

▶為了避免對手看出來，祕訣是在打到球的瞬間才變換拍面。

切球是讓球直接落在對手面前的打法，就像上圖那樣，球拍的拍面在對著球時傾斜，就能夠使球旋轉。

在打出這些球路時，最重要的是要維持以同樣的姿勢擊球，以避免讓對手事先猜到。

殘奧羽球請見 105 頁

桌球的體感速度無與倫比！

【奧運比賽項目】桌球 單打、團體（以上均有男／女子組）、雙打（混合）

【殘奧比賽項目】單打、團體（以上均有男／女子組）等

優秀的聽力與預測力使得高速拉鋸戰得以實現！

桌球桌的大小，只有長二百七十四乘寬一百五十二點五公分。選手們在這麼近的距離內進行高速拉鋸戰。頂尖選手把球打出去直到球再次回來的時間，不到〇點三秒。人類的反應時間極限，據說就是大約〇點三秒。既然如此，選手們為什麼能夠即時反應呢？

插圖／佐藤諭

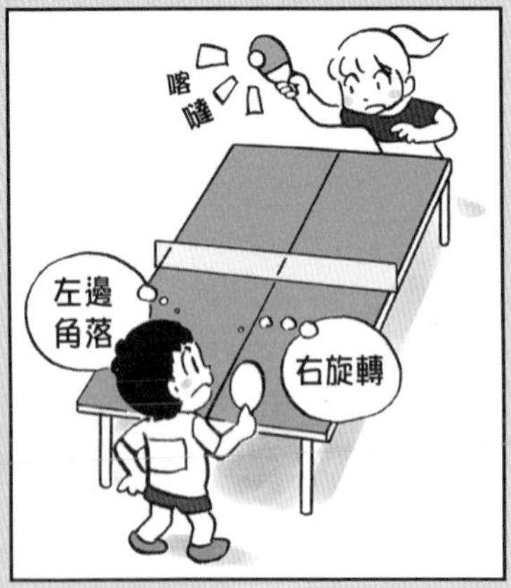

桌球選手在看了對手的動作之後，能夠預測接下來對方會擊出什麼樣的球。另外，擊球時的聲響，也能夠判斷對手讓球如何旋轉。

每秒旋轉一百次球會產生強烈變化！

球在拉鋸時，雙方選手經常不斷讓球旋轉。旋轉的球周圍會產生氣流，配合重力與球本身的重量（比賽用球的重量僅有二點七公克）轉彎或下墜。另外，落在桌面後的彈跳方式也會改變。桌球的球據說每秒最高可旋轉一百次。選手們面對這來勢洶洶的變化，回球時一拍一拍改變球的旋轉方向，同時持續著高速的拉鋸戰。

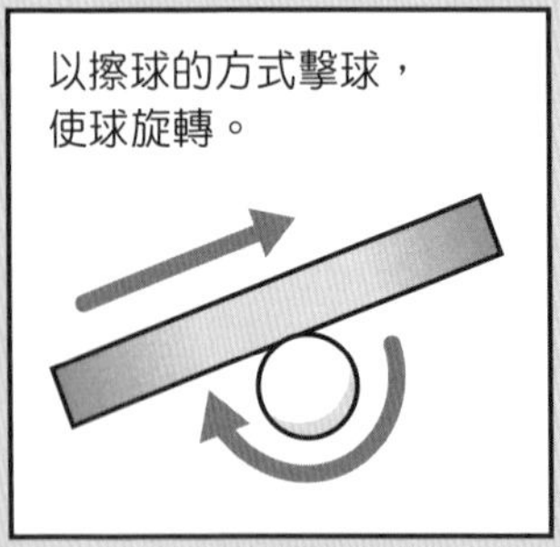

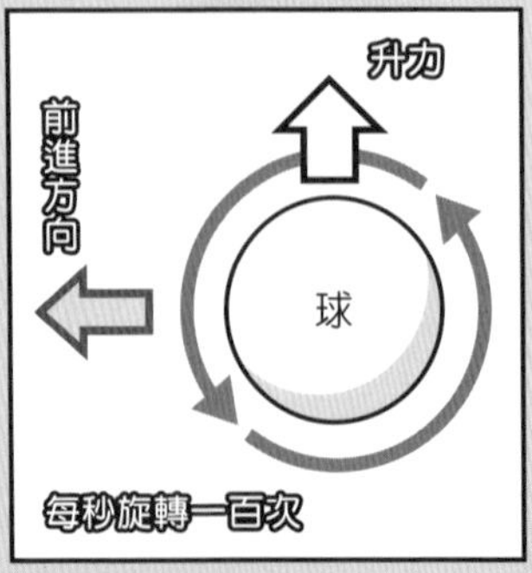

可根據打球風格，選擇桌球拍的膠皮

桌球拍是以木製底板，然後在擊球面貼上一層膠皮所製成。膠皮有三種，每一種膠皮的旋轉製造方式、旋轉容易程度、擊球速度均不同。選手們可以配合自己的擊球風格，挑選兩種膠皮，貼在底板的正反面。比賽時就可以配合情況瞬間換面，擊出不同的球。

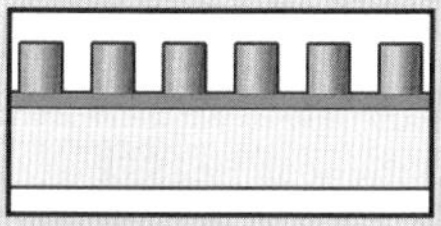

▲長顆粒膠面

擊球面更凹凸不平。不易使球旋轉，但方便應付對手的旋轉球。

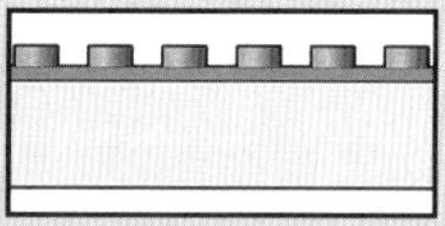

▲短顆粒膠面

凹凸不平的擊球面，不易使球旋轉，但很容易加速。

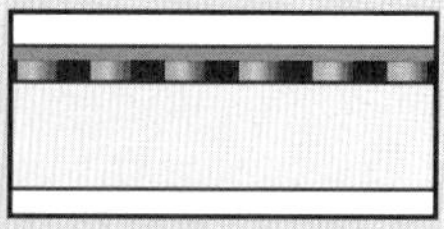

▲平面膠面

平整的擊球面。不但容易使球旋轉，也很容易加速。

插圖／加藤貴夫

特別專欄

選手咬著球拍打球的「殘奧桌球賽」

殘奧桌球對於身體的負擔相對較少，因此是身心障礙運動之中，選手人數相對較多的競賽。這項運動在殘奧史上歷史悠久，從第一屆殘障奧運會就已經存在。級別分成「肢障類」的「輪椅組」、「站立組」，以及「智障類」、「聽障類」；「輪椅組」與「站立組」，又依視障礙程度分成五級。桌球桌、用具、基本規則與一般桌球幾乎相同（輪椅組在發球與雙打回球上有若干特殊規定）。選手讓人想不到是殘疾人的反射速度、互相狙擊對手弱點的高度戰術等，有許多精彩之處值得一看。

▲用嘴控制球拍的選手，以及用拐杖支撐身體的選手，展現出高水準的比賽。

插圖／佐藤諭

曲棍球是必須全程半蹲跑的高難度競賽

【奧運比賽項目】曲棍球（男／女子組）

使用鮮豔的球棍操控球的動向

◀左手握住棍柄末端，手腕一扭，就能夠快速轉動球棍控球。

插圖／杉山真理

曲棍球（草地曲棍球）是各隊十一人，由兩支球隊以球棍擊球，爭取得分的比賽。長度約九十公分的球棍末端，一面是平滑面（正面），另一面是圓弧面（背面），選手用平滑面擋球、運球、傳球、射門。選手會轉動球棍改變運球路徑，阻止對手碰到球。選手在比賽過程中，幾乎都採取半蹲的姿勢，因此是一項相當辛苦的競賽。

時速約一百八十公里的射門也能擋下！守門員的防守滴水不漏！

使用堅硬的球棍射門，時速有時甚至可以達到大約一百八十公里。而且曲棍球的射門是從球門前十四點六三公尺、稱為「射門區」的圓弧線內擊球，威力十足，對於守門員來說格外危險，因此守門員必須穿著如左圖的重裝備保護自己。

插圖／加藤貴夫

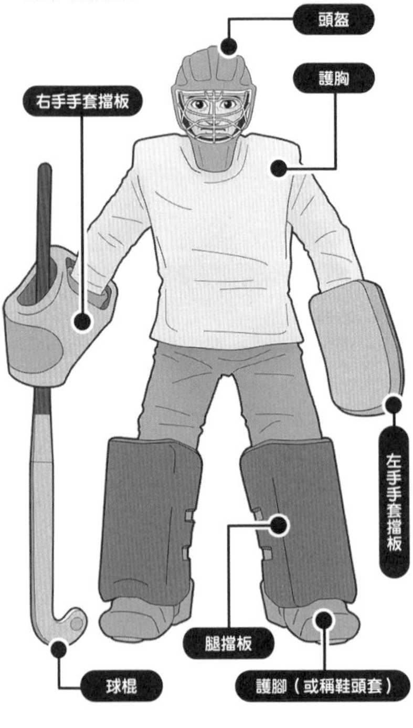
頭盔
護胸
右手手套擋板
左手手套擋板
腿擋板
球棍
護腳（或稱鞋頭套）

特別專欄

「輪椅網球」可容許兩次反彈！

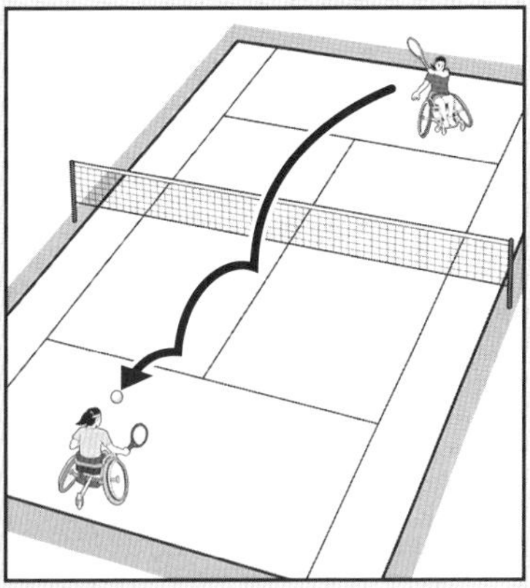

這是坐在輪椅上進行的網球比賽，球場大小與球網高度、球拍與比賽用球全都與一般網球賽相同。規則也幾乎相同，唯一的不同是允許對方的回球在自己的球場內反彈兩次。選手必須自己操控輪椅在場內移動，擊球給對方，因此需要耗費很多體力。選手靠的是高性能的競賽用輪椅。這種輪椅的車體輕巧，配備有無須費力就能夠快速迴轉的八字形車輪，以及三個防止翻車的輔助輪。另一個特徵是椅背低，方便上半身發揮最大力量。輪椅網球也有為手部障礙選手設置的「QUAD 組（身體四肢軀幹中有三肢以上有障礙）」。把球拍固定在手上，選手即使握力為零，也能夠發出時速一百公里的球。

插圖／佐藤諭

特別專欄

「殘奧羽球賽」分為六級

分級不同，比賽的
情況也大不相同。
D

2021 東京奧運的殘障奧運會將羽球列入正式比賽項目。殘奧羽球賽共有男子單雙打、女子單雙打、混合雙打這五項。依照殘障的種類與程度，又可以分成「站立上肢組」（SU5）、「站立下肢組」（SL3、SL4 兩級）、「輪椅」（WH1、WH2 兩級）、「身材矮小」（SS6），共計六級。與輪椅網球一樣，殘奧羽球賽的球場大小、球網高度、用具、規則也幾乎與一般羽球賽相同。但是，輪椅組與重度站立下肢殘障組的單打項目，只使用球場縱向的半邊進行比賽。這樣據說比使用整個球場的速度更快，也容易發生大逆轉。另外，女子雙打與混合雙打可以將不同殘障等級的選手組成一隊。有殘疾的部位可能是手也可能是腳，各不相同，因此選手可彌補彼此的弱點一同參賽。

插圖／佐藤諭

的大雄
我正在向我爸學習柔道。
喔！真厲害。
要不要我教你們啊？
好啊！教我們!!

柔道黑帶
啊!
還還……還是下次吧!
首先要先抓住對方。
抓住
嘿咻!!
太帥了!

運動高手鍛鍊機Q&A

Q 柔道投技是根據使用的身體部位分類。「背負投」屬於何種技法？①手技 ②足技 ③腰技

這樣我就可以向胖虎報仇了。
沒錯！
哆啦A夢，謝謝你！
哇～別碰我！
一碰就會自動摔人的。
除了胖虎以外，不要碰到別人喔。
我會注意。
我的目標只有……
胖虎一個人！
找到了！
喂！要不要再練一次柔道啊？

A ①手技。這個動作是手抓住對手道服的衣袖，把對方拉到背上，再越過肩膀摔出去的招式。（俗稱「過肩摔」。）

運動高手鍛鍊機Q&A

Q 角力是當對手的雙肩同時觸地時得分（壓制勝），需要觸地幾秒鐘呢？①一 ②三 ③五

A ①一秒。除了雙肩觸地之外，希臘羅馬式（希羅式）相差八分，自由式相差十分時，就可算是技術性的壓制勝。

喂！把零用錢拿出來。
沒有就給我回家拿。
哇～這樣就可以放心的揍人了。
你是誰啊？
不想受傷的話滾到一邊去。
沒關係！
你們上吧！
你這混帳!!
嘿
!!

哆啦A夢，黑帶還給你。
咦？不在嗎？
你的腰帶不知道放到哪去了？
耶？在這邊。
啊！糟了！
什麼？是這麼危險的腰帶？
趕快拿下來。
打了死結，拿不下來！
還沒拿下來前，不要靠近我們比較好。

「傾倒」是失去平衡

【主要項目】柔道、角力

柔道的「破勢」
1
一開始互相抓住衣領。
2
抓住衣領的手用力一拉，使對方的重心往前移。
3
以抵住對方膝蓋的腳為支點，身體一扭，把對方摔倒。

插圖／杉山真理

推拉道服，使對方無法站直

柔道總計有六十八種把對手摔出去的「投技」，每種技巧都有著不同的特定姿勢。不過，該怎麼做才會比較容易施展技巧呢？

人類的身體承受著來自地球中心的重力，重力與身體的重心維持平衡，人類才能夠穩穩站好。因此如果要將對手摔倒，首先必須利用稱為「破勢」的動作，破壞對手的平衡。

纏鬥時，推開或拉扯對手穿著的柔道服前襟和袖子，或讓自己的身體前後左右快速移動，就能夠挪移對手的重心，讓對方因而無法站穩。只要使對手的姿勢不穩，就能夠輕易的讓對方朝著失去平衡的方向倒下。另一方面，如果反過來利用對手試圖恢復重心位置的力量，也很容易扳倒對方。

抓住對方的身體，破壞平衡，擺出便於施展角力技巧的姿勢

角力是對對手施展技巧就能夠得分，再更進一步利用塔庫魯等角力招式摔倒對方，只要讓對手雙肩著地一秒，就能夠贏得壓制勝（Fall）。

想要在對手身上施展技巧，輕易的將對方摔倒，就必須和柔道一樣，利用「破勢」使對方失去平衡。角力比賽不像柔道會穿著柔道服，沒有衣服可以拉扯，所以必須直接抓住對方的身體，從各種角度推擠拉扯，破壞對手的平衡。

角力的「破勢」基本動作是抓住對手的上臂或後頸，將對方往下往前拉。如果只是用力拉，對方會試圖站穩抵抗，所以要在推開對方的身體之後，利用對方反推的力量把對方往下往前拉，這樣一來對方就很容易因失去平衡而向前倒。這種破勢法不僅能夠把對方拉往前，也能夠應用在側抛等各種招式上。其他的招式還有把手伸進對方腋下往上舉、破壞對方平衡的破勢。這個技巧也經常是抛摔對手，或移動到對手背後壓制之前的準備動作。

伸到腋下的手臂往上舉，
破壞對手的平衡。
順著對方推過來的力量，抓住對
手的上臂和後頸往下拉。

角力的「破勢」

插圖／杉山真理

以柔克剛【柔道】

【奧運比賽項目】男子60～100公斤以上級、女子48～78公斤以上級、團體（混合）

【殘奧比賽項目】男子60～100斤以上級、女子48～70公斤以上級

從日本到全世界的柔道，國際賽事上與各國選手一決勝負

人稱柔道之父的嘉納治五郎吸收各流派的技術，催生出柔道，並與弟子們同心協力推廣到全世界。第二次世界大戰後，全球各地投入柔道競賽的人越來越多。到了一九六四年東京奧運，首次將柔道列入正式的男子競賽項目。國際比賽時也同樣以「一勝」等技術評分方式決定勝負。但外國選手的肌肉比日本人強健，多半靠力量取勝，因此日本選手需要研擬出不輸給體格差異的作戰方式。

利用槓桿原理，小個子也能夠把大巨人拋出去

一如「以柔克剛」這句話形容的，在柔道中，即使是體型小的人也能夠把高大的人摔出去。原因在於先用

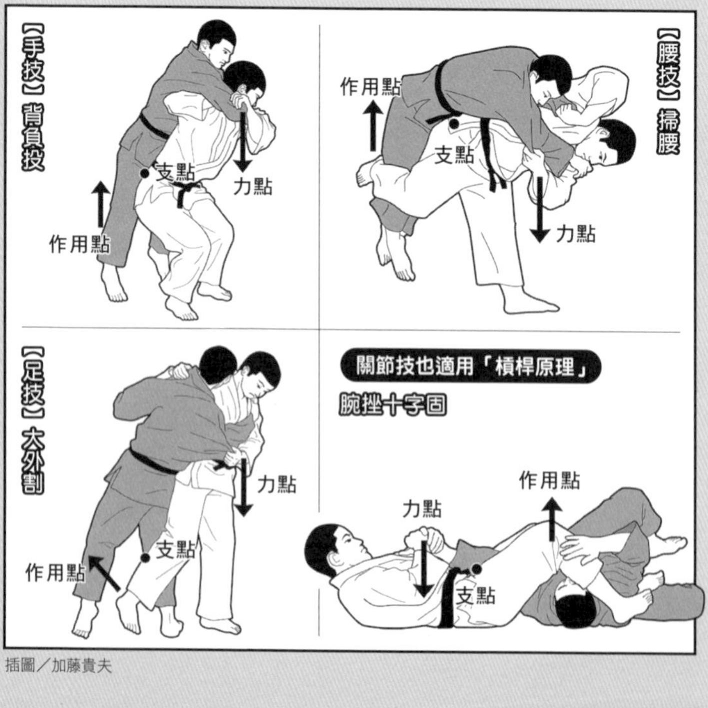

【腰技】掃腰
作用點
支點
力點
【手技】背負投
支點
力點
作用點
關節技也適用「槓桿原理」
腕挫十字固
作用點
力點
支點
【足技】大外割
力點
支點
作用點

插圖／加藤貴夫

「破勢」造成對手姿勢不穩，再利用「槓桿原理」施展技法。舉例來說，施展背負投的時候，要把對手的身體放在當作「支點」的腰上，抓住衣袖往下拉，製造「力點」。施加在力點上的力因為槓桿原理而放大，因而可以抬起對手變成「作用點」的腳。這樣就完成了以支點為中心的旋轉運動，並能夠把對手拋出去。

在雙方都躺倒的情況下，也同樣能夠把槓桿原理應用在關節固定技上。被稱為「腕挫十字固」的關節技需要抓住對方的手臂，用大腿夾住施力，力的方向與手肘關節彎曲方向相反。這樣帶給對手的傷害就會大過手的力量。

利用科學的力量分析對戰選手，日本柔道選手變強了！

日本的柔道男子選手在二〇一二年的倫敦奧運上，連一塊金牌都沒有拿到。奧運會後，全日本柔道聯盟決定仔細分析比賽資料，強化日本選手的實力。因此科學研究部的石井孝法與筑波大學共同合作，開發出比賽影像分析軟體。

比賽影像保存在伺服器上，只要輸入技法種類、評審判定等各式各樣的比賽紀錄，接下來就交由軟體分析選手比賽的特徵。軟體收集了男女選手各級別的所有資料，詳盡分析對戰選手的特徵，也因此日本選手在後來的國際賽事上成績突飛猛進。

▼只要能夠上網，在比賽現場也能夠分析選手的資料。

影像提供／公益財團法人全日本柔道聯盟科學研究部

特別專欄　不能有絲毫鬆懈視障柔道

殘奧的柔道比賽是由視障選手參加。對打的雙方，會先抓好對方的衣襟和衣袖後開始進行比賽，直到最後判定勝負之前，雙方一直是互相交纏的狀態。

不像一般柔道比賽，需要彼此攻防，避免柔道服被抓到，殘奧柔道比賽的選手靠著手上的感覺預測對手的動向，讓彼此失去平衡或施展激烈的技法。往往會在比賽一開始或即將結束的前一秒，出現精彩的畫面，選手與觀眾都不能有片刻的鬆懈。

人類最古老的運動【角力】

【奧運比賽項目】自由式：男子57～125公斤級、女子50～76公斤級
希羅式：男子60～130公斤級

角力分成兩種

紀元前三千年左右的古埃及壁畫上就已經出現角力的畫面，因此一般認為角力是人類史上最古老的運動。角力的比賽方式包括使用全身進行有效攻防的「自由式」，以及只用到上半身的「希臘羅馬式（希羅式）」，不過角力並非一開始就分成這兩種類型。

影像來源／Olaf Tausch via Wikimedia Commons

▲埃及貝尼．哈桑（Beni Hasan）村的古代遺跡留著角力的壁畫。

角力是古代奧林匹克運動會上很受歡迎的主要競賽項目，卻因為有太多人參賽是為了獎賞，導致比賽變得相當野蠻，因此到了中世紀才加入新規則，出現與今天希羅式角力類似的競賽內容。接著到了一八六〇年左右，法國的格鬥技學校構思出目前的希羅式角力。

另一方面，比賽時可使用全身的角力，則是十九世紀英國發明的。後來傳到美國，變成排除關節技的自由式角力，也發展成正式比賽。一九〇八年的倫敦奧運會起，希羅式角力與自由式角力均列入正式的比賽項目。

以雙腳塔庫魯打倒對手，身體必須緊密接觸

自由式與希羅式的規則不同，對打的方式也不相同。希羅式禁止攻擊腰部以下的部位，因此是以上半身擒抱之後的拋摔為主。自由式允許攻擊全身，通常是以塔庫魯的動作抱住對手的身體或腳，破壞姿勢平衡，再運用技巧摺倒對方。

塔庫魯最基本的動作就是以雙手抱住對手的膝關節，

把對方往後拋的雙腳塔庫魯。只要朝著人體遠離重心的位置施力，身體就會失去平衡，因此要以對手的腰部以下為目標，採低姿勢進攻。此時，為了把進攻的動能徹底傳送到對手身上，最重要的是在雙方碰撞的瞬間，自己的前胸必須緊貼對手的大腿。

鎖定一隻腳，不是兩隻腳進攻的單腳塔庫魯，也是有效的攻擊。一隻腳被抓住的對手只能靠單腳站立，所以站不穩，接下來就可以讓另一隻腳也失去平衡，或是施行背後控制等。

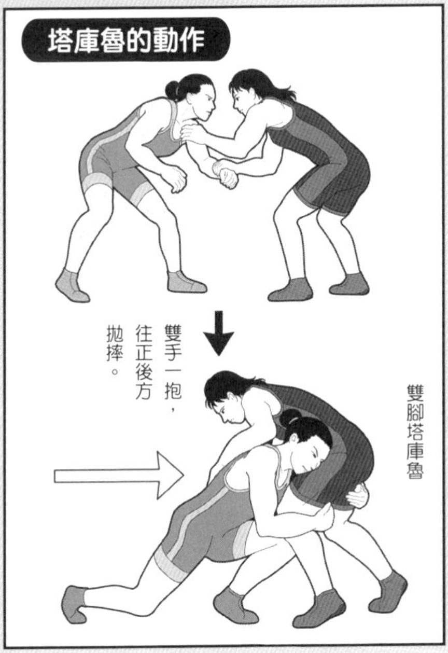
塔庫魯的動作
雙手一抱，往正後方拋摔。
雙腳塔庫魯

插圖／加藤貴夫

身體轉動製造扭力 趁勢把對手拋出去

角力要搭配技術才能得分，摔倒對方時，如果使對方以背部著地，就能夠獲得四分以上。但是選手參賽穿著緊身的角力服，無法像柔道那樣，抓住對方的衣襟把對手摔出去，因此必須直接抓住並緊貼對手的身體，不是只用手腕，要以全身的動作加速拋摔對方。

不管是抱住對方的頭並拉住手臂的「抱頭拋」，或是類似柔道那樣抓住對方手臂的「單臂過肩摔」，都是用半蹲姿勢扭身，藉此產生扭力，再趁勢拋摔對手。此時，如果自己的身體與對手的身體捲在一起，順勢往下倒，就能夠更進一步增強拋摔時的旋轉力道，也更容易施展技法。

抱頭摔的動作
身體扭腰往下，產生扭力。

插圖／加藤貴夫

空手道飲料

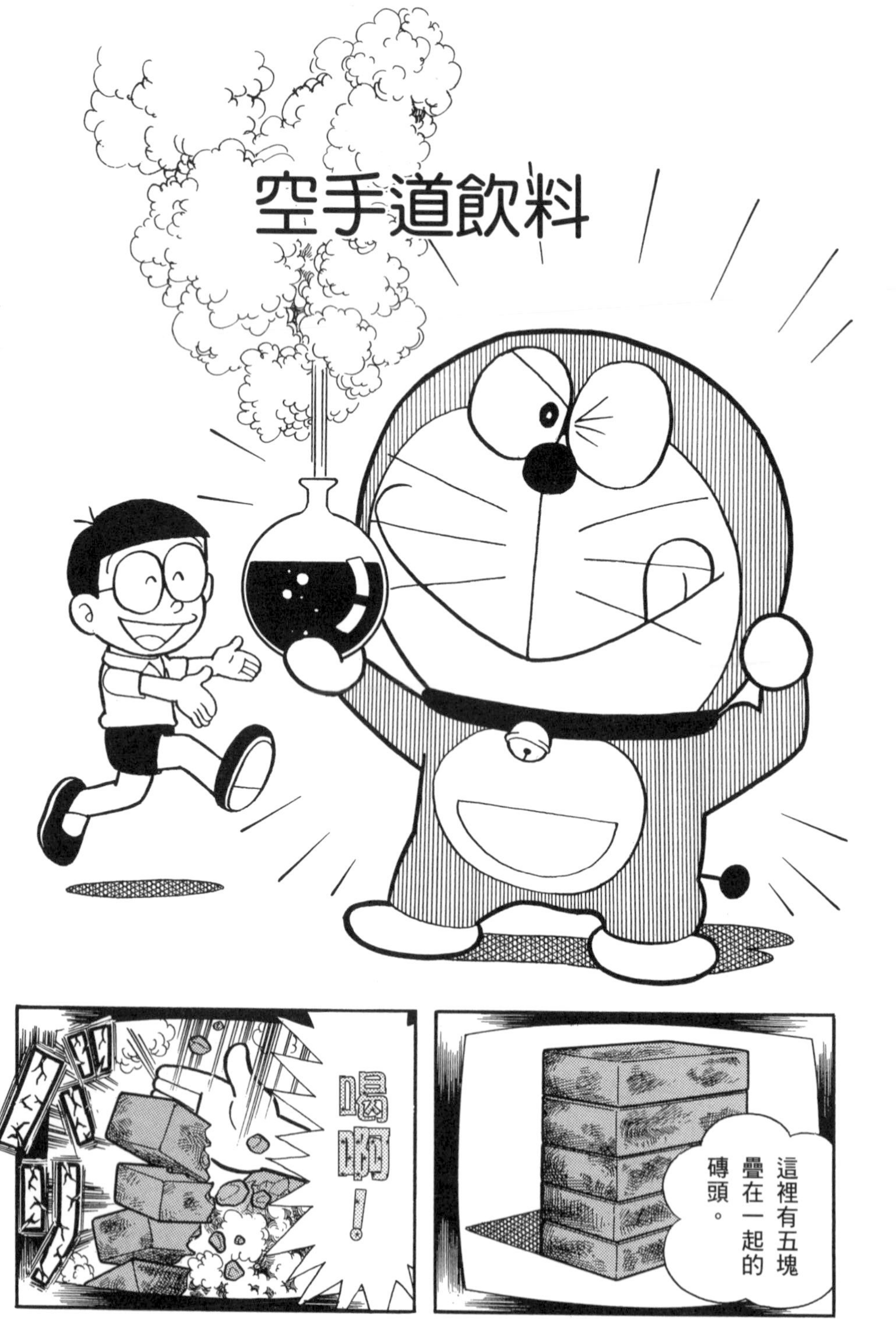
這裡有五塊疊在一起的磚頭。
喝啊！

哎呀，真是驚人的力量啊。
您的手掌簡直就像鐵塊一樣堅硬呢。
難怪可以做到這種碎石裂鐵的神技啊。
電視機前的觀眾朋友，千萬不能學喔。
不然會受傷的。
我也想學。
我也想讓身體變得像鐵塊一樣堅硬。
也不是辦不到啦。
「空手道飲料」。
喝下這個之後，身體就會像鐵塊一樣強韌喔。
ゴボゴボ
噗哈……
好難喝喔。

※咕嚕咕嚕

運動高手鍛鍊機Q&A

Q 拳擊比賽上，一般常用的拳法是下列何者？①刺拳 ②直拳 ③勾拳

A ①刺拳。刺拳是拳擊的基本拳法。作用是測量距離或驅離對方，也是比賽中最常使用的拳法。

※啪嗒

※腫痛~
ジ~ン
※飛踢
可惡！
ダッ
※咚
ドカッ
太可怕了，我們不敢看。
※昏~
ジ~ン
這次輪到我了。
我先來熱身一下……
※咚、咚
ドカン
ドカン
啊！胖虎逃跑了。
大雄你好厲害。
如果有人欺負你們，儘管告訴我。

我會把他打得屁滾尿流。
跟我說，你們想要教訓誰啊？
現在不需要了。
那我變強不就沒意義了嗎？
不用客氣喔。
下次再說吧。
就跟你說不用了，你很煩耶。
你居然嫌我煩。
汪～
讓你見識一下我有多厲害，你來咬咬看啊。
空手道飲料的藥效過了。
小朋友，這是很危險的，千萬不可以學喔。

利用「前進」與「後退」的組合增加威力！

【主要項目】空手道、拳擊、擊劍等

空手道的「直擊」
直擊動作的關鍵在於，利用重心轉移與扭腰產生的「力」能夠保留多少，傳送到攻擊的拳頭上。
手背朝下握拳放在腰側
腳跟朝外開，站成八字形
雙腳打開與肩同寬
前手※手肘往後縮
手背轉向上
右手往前揮拳
重心移到前腳
扭腰面對對手

雙臂同時前後移動 增加直擊威力，保持平衡

屬於科學領域的物理學當中有「作用力與反作用力定律」。其內容是，A對B施力（作用力）時，相對的B也一定也會對A施力（反作用力）。作用力與反作用力的大小相同，方向相反，並且朝著A與B連成一直線的方向作用。空手道的「直擊」、拳擊的「直拳」也都用上了作用力與反作用力的原理。

實際挑戰看看就知道，保持直立的姿勢，一隻手握拳向前擊出，你會發現這一拳一點兒威力與速度都沒有。想要擊出強有力的一拳時，重點是擺出側身面對對方的準備動作，前手向後拉的同時，另一隻手向前出拳。

擊劍也是如此，前手把劍刺向前的同時，後手要往反方向揮。雙臂同時往前往後移動，藉此增加威力，也較容易維持平衡。

※注：拳擊、空手道這類運動在擺準備動作時，因為打拳者的慣用手不同，右撇子會是左手在前、右手在後，左撇子則相反，為了方便，所以一律稱「前手」、「後手」。

拳擊的「直拳」

拳擊出拳時，為了躲開對方的回擊，隨時要用拳頭和肩膀護住下巴等脆弱部位。

收下巴
用拳頭保護下巴
用手肘保護身體
膝蓋微彎，腰部放低
後腳腳跟離地
雙腳張開與肩同寬
左肩往後
右肩向前
拳頭一轉
右手向前出拳
扭腰
往前踏的腳站穩
後腳用力蹬地

擊劍的「長刺」

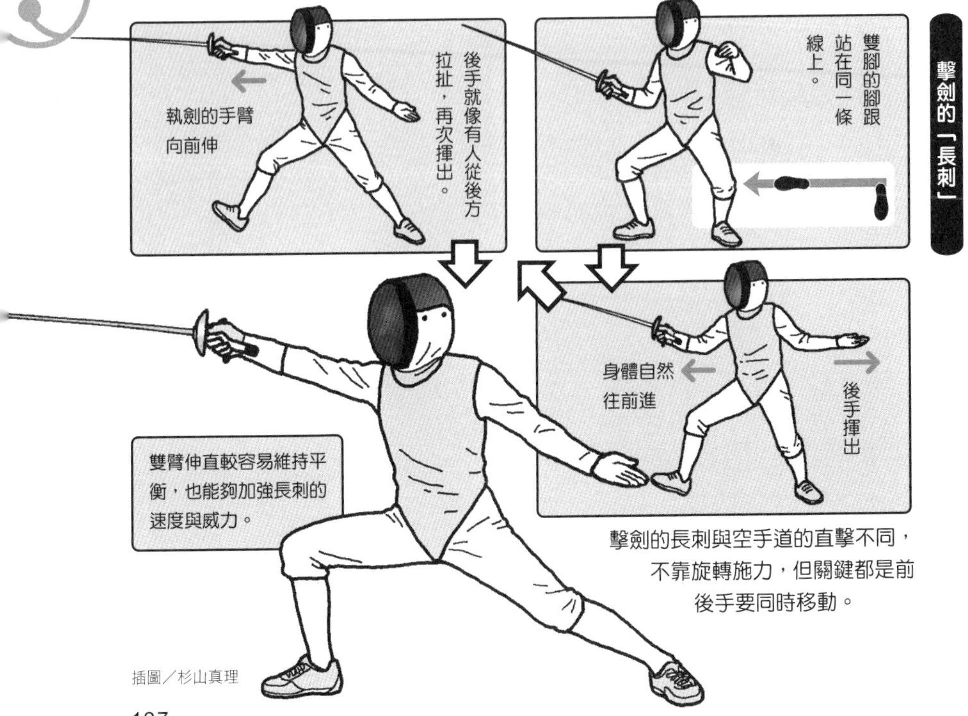
執劍的手臂向前伸
後手就像有人從後方拉扯，再次揮出。
雙腳的腳跟站在同一條線上。
身體自然往前進
後手揮出
雙臂伸直較容易維持平衡，也能夠加強長刺的速度與威力。

擊劍的長刺與空手道的直擊不同，不靠旋轉施力，但關鍵都是前後手要同時移動。

插圖／杉山真理

利用「直擊、打擊、踢擊」進攻的空手道

【奧運比賽項目】空手道　形（男/女子組）、對打（男子67公斤級、75公斤級、75公斤以上級；女子55公斤級、61公斤級、61公斤以上級）

格鬥技為什麼要按照體重分級？

空手道這類格鬥技，多半會根據體重分級。以前沒有量級制，但是這項運動漸漸普及之後，與體格不同的選手對打就顯得不公平。分級條件根據體重而不是身高，是因為肌肉量與體重幾乎成正比。

一對一爭取點數的「對打」

空手道的流派很多，比賽形式也各有不同，而奧運空手道項目的「對打」是男子組、女子組皆按照體重分級，比賽時間三分鐘，採一對一對打的方式。選手需反覆出招，在擊中對手之前停住（造成對手受傷的攻擊屬於犯規行為），比較得分高低決定勝負。

得分的分類

得分	動作
1分（YUKO）	上段直擊、上段打擊、中段直擊
2分（WAZA-ARI）	中段踢
3分（IPPON）	上段踢

影像來源／Claus Michelfelder via Wikimedia Commons

▲空手道在對打時，有時會意外誤擊對手，因此要穿上護具保護拳腳。

與無形的敵人搏鬥，展現武術高低的「形」

空手道的奧運比賽中，還有「形（Kata）」這個項目。「形」是選手一人獨自表演武術，從規定的一百零二種「形」之中，選出一種來演繹，評分標準是根據技術表現與力量表現。但是在同一場大會上，不可表演同一套「形」。

※注：空手道是二〇二一東京奧運的新設項目，下一屆的二〇二四巴黎奧運將會取消。

▼日本「形」男子組選手喜友名諒，眼神與吶喊表現出想要贏過對手的氣勢。

影像來源／Martin Rulsch via Wikimedia Commons

頻頻施展華麗腿技的跆拳道

【奧運比賽項目】跆拳道（男子58公斤級、68公斤級、80公斤級、80公斤以上級；女子49公斤級、57公斤級、67公斤級、67公斤以上級）

武術「唐手」發展出「空手道」再由空手道發展出「跆拳道」

十四世紀左右，從中國流傳到琉球王國（現今日本沖繩縣）的武術發展成「唐手」，唐手後來改名為「空手」（兩者字不同但日文發音相同），並流傳至朝鮮半島。朝鮮半島把空手道與中國武術結合而成的格鬥技取名為「跆拳道」，現在成為韓國的國技。

靠〇點三秒的高速踢擊決定勝負！

跆拳道的比賽是以踢擊和正拳應戰，能夠攻擊的位置只有腰部以上。必須在三個回合、每回合兩分鐘之內擊倒對手，或是爭取技術分。踢擊的得分比正拳高，因此多半會強化踢擊技術。厲害選手的踢擊擺出動作才〇點三秒就能擊中對手，所以也有可能瞬間就擊敗對方。

內有感應器的電子護具使得比賽過程更加絢爛華麗！

跆拳道的踢擊速度非常快，評審很難看出是否為有效攻擊，因此現在啟用內有感應器的護具。電子護具即使輕踢也很容易得分，所以出現不少花俏的踢擊技法。

得分的分類	
●正拳擊中軀幹護具	1分
●踢擊擊中軀幹護具	2分
●踢擊擊中頭部	3分
●轉身踢擊擊中軀幹護具	4分
●轉身踢擊擊中頭部	5分

能夠攻擊的範圍只有頭部與軀幹的護具部分。
攻擊擊中電子護具時，感應器就會檢測受擊位置與力道。

◀以華麗的側踢踢擊電子護具，感應器就會計分。

影像來源／TKD at World Para Taekwondo via Wikimedia Commons

只靠拳頭征戰的拳擊

【奧運比賽項目】拳擊（男子組蠅量級到超重量級共八個量級；女子組蠅量級到中量級共五個量級）

職業拳擊賽與業餘拳擊賽的規則不同

紀元前就存在的拳擊也是歷史悠久的職業賽事，十八世紀就已經出現有獎金的比賽。職業賽與業餘賽的規則有些不同，最大的不同在於回合數。職業賽每回合三分鐘，最多打十二回合；業餘賽是三回合。因此職業賽強調體力的分配，業餘賽則重視速度。

影像來源／Nicolás Celaya via Wikimedia

影像來源／Ilgar Jafarov via Wikimedia

▲拳擊會依照體重分級比賽，並且有職業賽和業餘賽，業餘賽如下圖，會穿著上衣。

確實轉動肩膀才能夠擊出更強力的刺拳

刺拳是拳擊中使用最多的拳種，有許多功用，例如：測量距離、強迫對手退後等。想要擊出強有力的刺拳，必須確實轉動肩膀，這麼一來，身體的迴轉軸、肩膀、手腕就會成一直線，增加拳頭的威力。相反的，手腕偏離迴轉軸的話，刺拳就會缺乏威力。

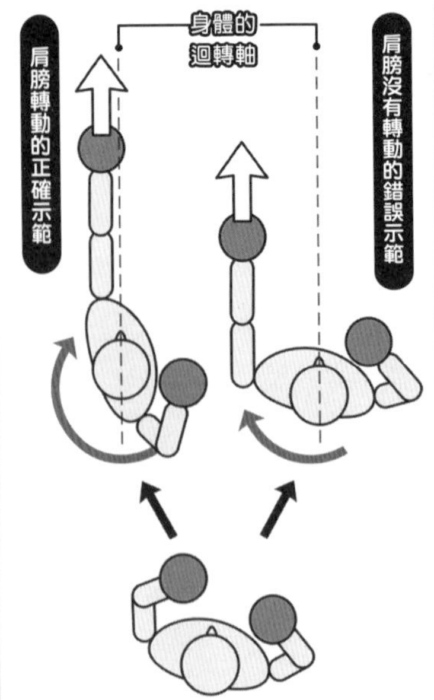

從上方俯瞰準備動作左拳在前的選手

插圖／加藤貴夫

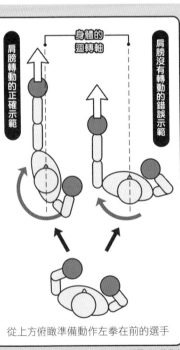

拳擊主要的拳種

拳擊是用兩個拳頭打擊對手上半身正面的競技。下巴、肝臟等脆弱部位必須正確攻擊，因此會視情況使用四種主要的拳種。

影像提供／PhotoStock 10/
Shutterstock.com

▲左右勾拳是彎曲手肘，朝對手的側面揮拳，在半空中畫弧線。

影像提供／scott rawsthorne 2/
Shutterstock.com

▲擺出準備動作，筆直揮出靠近對手的前手，就是刺拳。

影像提供／scott rawsthorne 2/
Shutterstock.com

▲瞄準對手的下巴等部位，由下往上出拳的拳種。

影像提供／Fabrizio Andrea Bertani/
Shutterstock.com

▲直拳是擺出準備動作，筆直揮出後手。

拳擊擂台明明是四邊形，為什麼英文稱為boxing ring（環）？

進行拳擊比賽的場地明明是正方形，為什麼英文會稱為ring（環）？事實上，早期的拳擊賽是選手徒手在觀眾環繞出來的圓形場地內互毆，因此時至今日仍然稱為ring。

插圖／加藤貴夫

特別專欄　沙袋裡面裝的是什麼？

右圖中的練習道具稱為沙袋，但袋子裡面裝的不是沙子，而是布料和PU聚酯塑料。

插圖／加藤貴夫

特別專欄　提高判定透明度的新監督制度

拳擊是由得分決定勝負的比賽，為了提高判定的透明度，東京奧運的主辦單位目前正在討論導入能夠瞬間顯示有效打擊數的新系統。

以劍刺斬的擊劍

【奧運比賽項目】鈍劍、鋭劍、軍刀三項的個人與團體賽，共計十二項（男/女子組）【殘奧比賽項目】鈍劍、鋭劍、軍刀共計十六項（男/女子組）

插圖／加藤貴夫

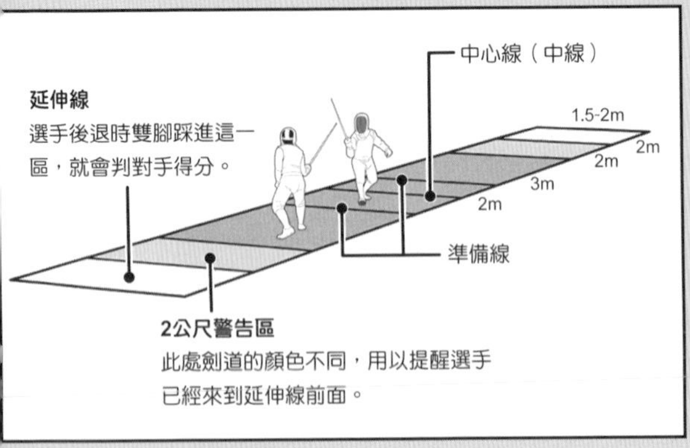

中心線（中線）
延伸線
選手後退時雙腳踩進這一區，就會判對手得分。
1.5-2m
2m
2m
3m
2m
準備線
2公尺警告區
此處劍道的顏色不同，用以提醒選手已經來到延伸線前面。

擊劍的規則與三種競賽項目

擊劍比賽如上圖所示，是在稱為「劍道」的比賽場地進行。選手以單手持劍刺擊對手的「有效位置」，才能得分。劍接觸到選手穿的電衣有效部分，電審器就會自動進行判定。比賽共分為鈍劍、鋭劍、軍刀這三種，使用的劍與有效得分位置各有不同。

鈍劍

有效位置是除了頭、雙臂、雙腳以外的整個軀幹。刺中有效位置才能得分。

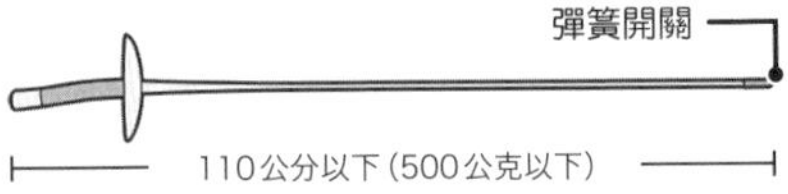

彈簧開關
110公分以下（500公克以下）

鋭劍

有效位置是從頭到腳底的全身，劍尖刺中全身任何一處都可得分。

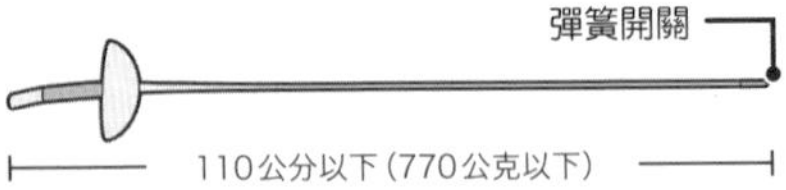

彈簧開關
110公分以下（770公克以下）

軍刀

有效位置是上半身，只有此項目是「刺擊」與「斬擊」都計分。

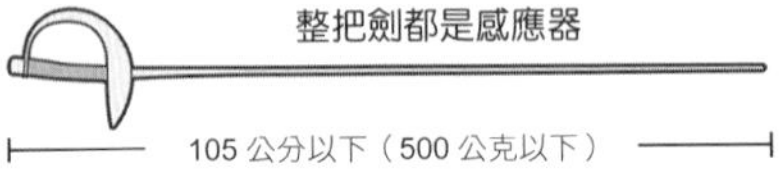

整把劍都是感應器
105公分以下（500公克以下）

插圖／加藤貴夫

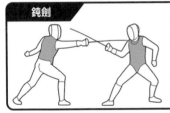

影像提供／Dentsu Lab Tokyo/Rhizomatiks

運用新技術重現快到眼睛看不見的劍尖路徑

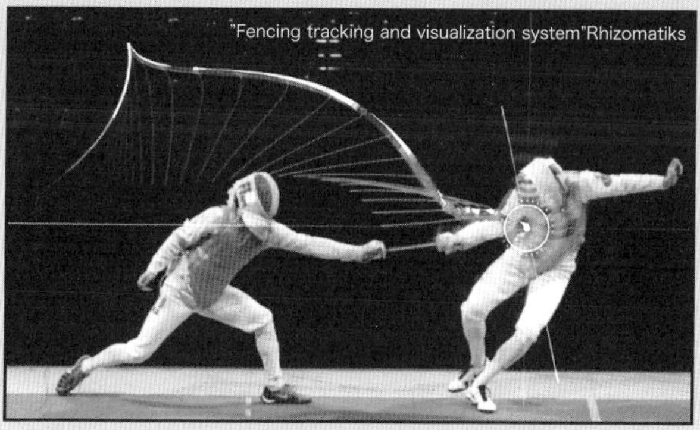

◀會場的螢幕上猶如照片般簡單明瞭的重播劍尖的動態，可看出劍尖的動態相當複雜。

擊劍比賽的劍尖動態快到人類眼睛跟不上，因此觀眾很難了解比賽過程中發生了什麼事，為了解決這問題，開發出「擊劍視覺化（Fencing Visualization）」的新技術。利用多部攝影機以多角度同時拍攝選手動態，立刻解析，出現致勝一擊時，就能夠在會場的大螢幕上重播精彩片段。可以讓更多民眾因此而體驗到觀賞擊劍比賽的樂趣。

特別專欄

坐在固定好的輪椅上，在十分靠近的距離舉劍對打的「輪椅擊劍」

殘障奧運會有以下肢殘障者為對象的「輪椅擊劍」競賽。根據坐姿平衡能力分為兩級，比賽三個項目。鈍劍的有效位置只有軀幹，銳劍和軍刀是上半身。比賽用的輪椅固定在劍道上，因此選手彼此的距離很近，攻擊防守過程相當快速刺激。

A級
有腹肌，坐姿能夠充分保持平衡

B級
無腹肌，坐姿無法保持平衡

◀使用的劍、面罩、電衣均與一般擊劍相同。

影像提供／FocusDzign/Shutterstock.com

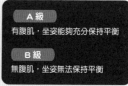

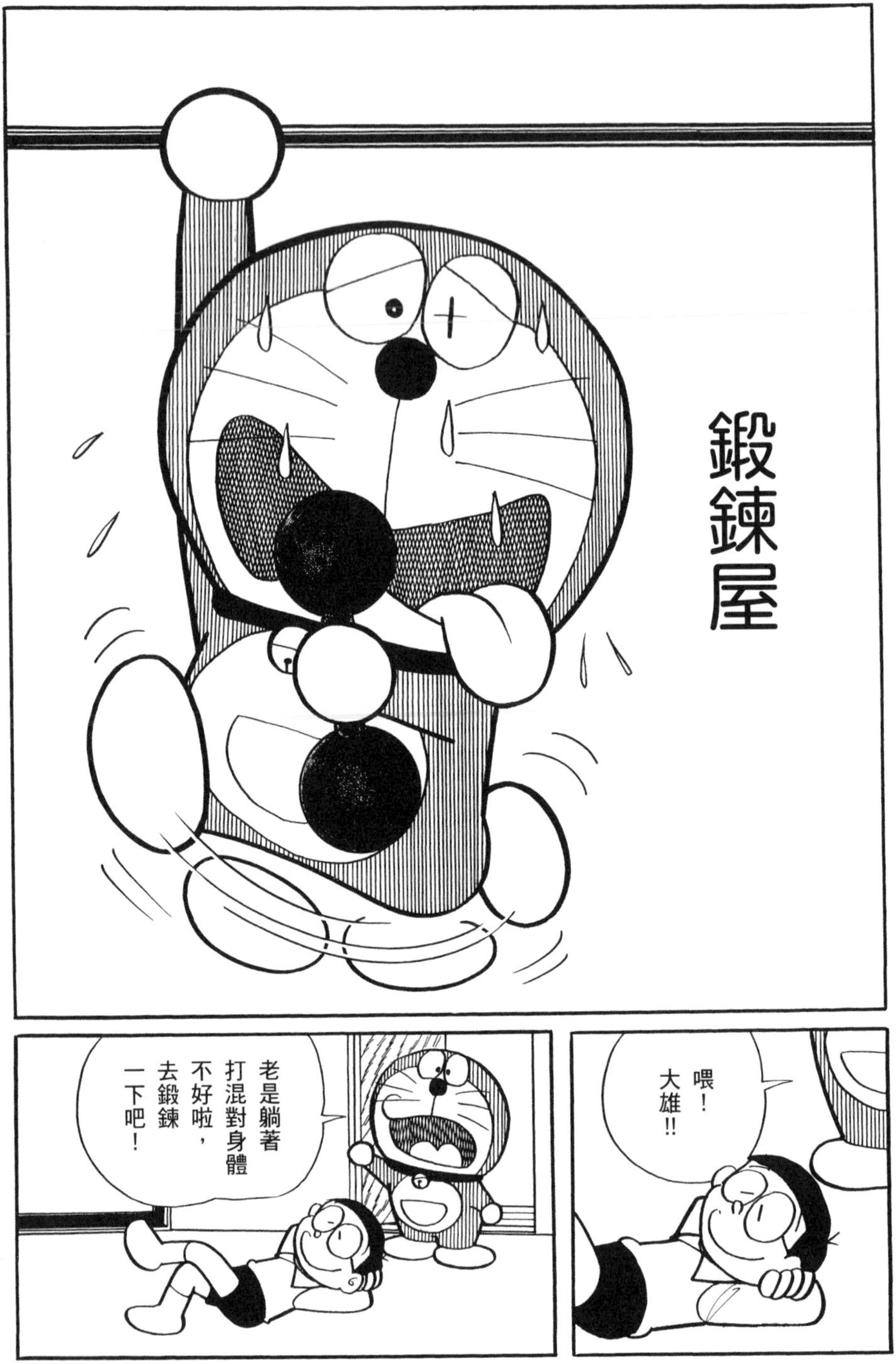
鍛鍊屋
喂！大雄!!
老是躺著打混對身體不好啦，去鍛鍊一下吧！

大雄……
鼾～
大雄！起來啦!!
鼾～
居然用鼾聲回答我！
有了！
我就來強迫……
那個懶惰鬼做運動。
嘿嘿！把他氣走了。
不過哆啦A夢說的也對，
去打棒球吧！
我要把這個家變成「鍛鍊屋」。
只要裝上這個……
就算你不想運動也不行。

※嗶嗶、嘎嘎

啟動！
ビビビ
ガガガガ
這樣就行了。
大雄……
跑出去了嗎？
太太，來我家坐坐吧？
那就打擾了……
哇！
不可以進來!!
怎麼對客人這麼沒禮貌？
因為一進來就非得運動不可啊……
哎呀～我最喜歡運動了。

運動高手鍛鍊機Q&A

Q 舉重選手很擅長垂直跳，這是真的嗎？

A 真的。舉起楨鈴時會使用雙腿的所有力量，所以他們的跳躍力很強。

※狂奔

我現在就去，再等我一下。
越來越吃力了。
ビュウ
總、總算抵達樓梯口了……
呼……要爬到上面去還真不簡單……
我要回去了……
真是抱歉……
フラフラ
奇怪？怎麼打不開!?
門打不開耶!?
那是為了鍛鍊臂力所以重量變重了。
一、二、三!!!

※爬、爬

運動高手鍛鍊機Q&A

Q 競技體操使用的單槓，與公園裡的單槓有何不同？①彈性 ②顏色 ③長度

A ①彈性。競技體操選手利用單槓的彈性進行迴環與飛行動作（公園的單槓沒有彈性）。

快被壓扁了～
那是舉重啦……我馬上就關掉開關，再撐著點！
※摔落
啊！
パチ
※喀喳
總、總算恢復原狀了……
偶爾做做運動果然不錯……
躺著不動對身體不好喔。秋天是適合運動的季節耶！
動不了了～

利用上半身的肌肉施展技能

【主要項目】舉重、競技體操、韻律體操、彈翻床、攀岩

插圖／杉山真理

操控身體

反抗地球重力，能夠做出什麼樣的表演？挑戰人類身體的潛能！

體操
（144～146頁）

●自由體操（男／女）

上半身的運用

單槓（男子）、雙槓（男子）、吊環（男子）、鞍馬（男子）、自由體操（男／女）、跳馬（男／女）、高低槓（女子）、平衡木（女子），這些項目需要的力量都來自上半身。

●吊環（男子）

在不安定的狀態下保持平衡

競技體操的高難度動作是由基本動作組成，其中最重要的就是倒立。

●高低槓（女子）

透過科學研究進化的技能

用力跳高，展現高難度動作。技能每天都在持續進化。

插圖／杉山真理

操控身體

彈翻床（148頁）

想要利用反彈力跳高，必須具有能夠承受落地衝擊的肌力。

攀岩（149頁）

攀爬垂直岩壁最需要的是腳的肌力。

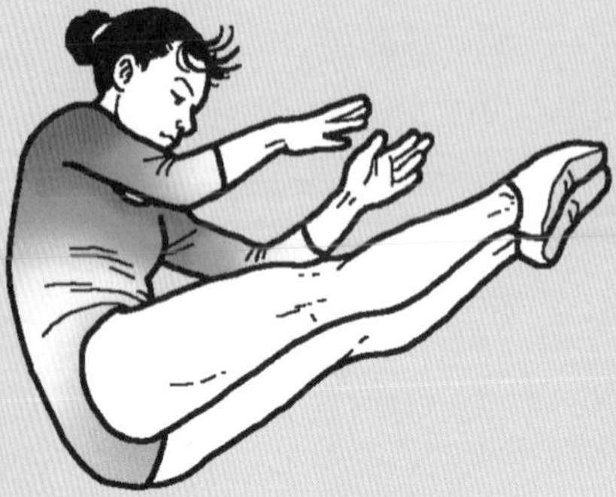

需要有平衡力

操控身體最重要的就是不要白白浪費力氣，關鍵時刻才施力。

舉重（143頁）

需要高度的技術，才能夠靠全身肌力舉起槓鈴。

韻律體操（147頁）

使用五種器材展現柔軟優美的姿勢與動作。

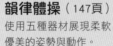

舉起體重兩倍以上重量的【舉重】

【奧運比賽項目】舉重（男子組61、67、73、81、96、109、109公斤以上級；女子組49、55、59、64、76、87、87公斤以上級）【殘奧比賽項目】臥式舉重 各量級（男／女子組）等

使用全身關節與肌肉舉起槓鈴

舉重競賽當中的一流選手，能夠舉起體重兩倍以上的槓鈴。

想要從地上迅速舉起沉重的槓鈴，最重要的是腳力。比賽中，瞬間施加在腿上的力量，是槓鈴重量的二到三倍。選手舉著槓鈴蹬地躍起，而欲使出這股力量，需要的不只是肌力，柔軟度、敏捷度、平衡感也很重要。

所有運動的基礎

敏捷度 能夠瞬間施力，也能夠瞬間轉換成放鬆的姿勢。	**力量** 不只直接支撐槓鈴的手很重要，腰腿的力量也很重要。
平衡 不偏向慣用手、慣用腳，筆直的舉起槓鈴。	**柔軟度** 讓身體能夠輕鬆做出把肌力發揮到極限的姿勢。

「抓舉」項目的槓鈴舉法

抓舉是一次就把槓鈴高舉過頭，需要瞬間就使出最大力量。另外一種可以分兩階段舉起槓鈴的項目是「挺舉」。

●雙腳張開與肩同寬，用整個腳底支撐體重。

●雙腳打直，採前傾姿勢舉起槓鈴。

●腰部也往上抬，伸直背部和雙腳跳起！

●力氣用盡後，身體迅速蹲到槓鈴底下。

●腰部往後突出，維持槓鈴在頭部上方。

●雙腳伸直靜止不動，等到評審判定成功，再把槓鈴放下。

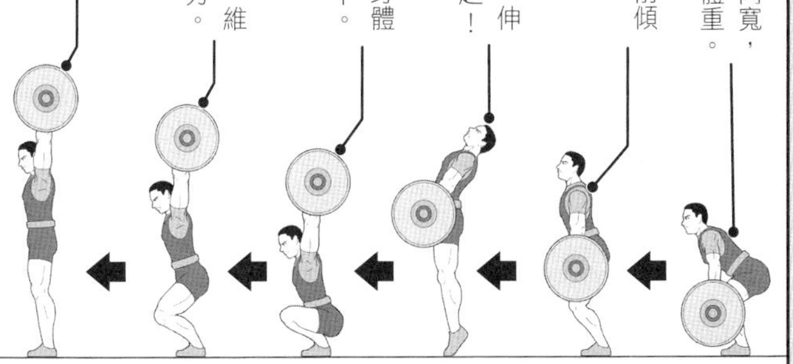

插圖／加藤貴夫

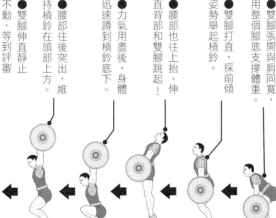

體操是利用上半身的肌肉保持平衡

【奧運比賽項目】體操　團體／個人全能自由體操（以上均有男／女子組）、團體／個人全能鞍馬（男子）、團體／個人全能高低槓（女子）、團體／個人全能吊環（男子）、團體／個人全能平衡木（女子）、團體／個人全能跳馬（男／女子）、團體／個人全能雙槓（男子）、團體／個人全能單槓（男子）

插圖／加藤貴夫　　影像提供／ Alex Bogatyrev/Shutterstock.com

所有項目共通的「倒立」動作

▲從垂直方向對肩膀施力，就能夠保持漂亮的靜止姿勢。

從正確倒立姿勢衍生的「前手翻」

手臂和上半身成一直線，翻身姿勢就會很漂亮

希望前手翻的動作幅度夠大，最重要的是身體的後仰姿勢要漂亮，往斜上方跳起。想要成功轉換成這個姿勢，首先倒立的動作要正確。

高難度的表現也是基本動作組合而成

體操是利用上半身肌肉支撐身體跳躍、翻轉的競賽。男子組比六項，女子組有四項，比賽各項動作的完成程度與美感。

各項目共通的基本動作是「倒立」。除了高難度動作之中必定含有倒立之外，在吊環、單槓、鞍馬等不穩定的器材上，也會進行倒立。

身體不偏斜的漂亮倒立姿勢是從手到腰、到腳趾頭呈現一直線。選手會以不費力的方式倒立，能夠長時間保持這個姿勢。

▼持續靠手臂支撐身體的「鞍馬」項目。這動作運用的也是倒立的平衡感。

影像提供／ Alex Bogatyrev / Shutterstock.com

插圖／加藤貴夫

「後手翻」來自高度和翻轉

「自由體操」項目的選手在進入高難度動作之前，都會先做後手翻，這是為了要製造跳躍力。只要跳得夠高，就能在半空中停留較久，做出空翻和轉體的組合動作。

把水平方向的力改為向上的力

利用後手翻的翻身改變力的方向。翻身速度越快，向上的力量越大。

製造水平方向的力

後手翻起跳時，身體會產生向後的力。

持續進化的「動作」與運動科學

體操的動作每年都在不斷進化。一九六四年的東京奧運，將動作的難易度按照簡單到困難的順序，分成A、B、C三階段，而超越這三階段的「ULTRA C」高難度動作則在當時的日本成為熱門話題。

不過現在的難度已經追加到「I」。這是選手們不斷追求更多的連續空翻與轉體組合等更高水準的動作，彼此互相競爭出來的結果。

這樣的進化，也有很大一部分是受到體操基本運動的科學分析、器材的進步所影響。

▼下圖是以特殊拍攝方式呈現出跳馬的連續動作。

影像來源／ flickr/14183788@N00/, via Wikimedia Commons

從「迴環」動作看跳得更高、更遠的原理

高級動作的難度提升的同時，基本動作也在持續進化。舉例來說，單槓的高級動作均來自於基本動作「迴環」。手放開單槓，在空中成功翻轉的關鍵，在於迴環動作產生的助力與高度。

幾十年前每位選手在做迴環動作時，都是直身越槓轉，但是現在要通過單槓正上方時，身體都會彎成「く」字形，屈身縮小迴轉半徑，才能夠提升速度。

影像提供／時事通信社

▲2016年里約奧運的單槓項目，內村航平選手展現的脱手騰空再握系列動作（飛行動作）「Cassina※」。可看到身體成「く」字形。

※注：二〇〇四年雅典奧運的男子單槓金牌伊戈爾・卡西納（Igor Cassina）選手發明的G級難度動作。

特別專欄

「抬腿上槓」要利用槓桿原理

很多人做不到抬腿上槓。因為這動作是由各種動作組成，必須同時進行時就顯得很困難。不過抬腿上槓如果用「槓桿原理」來解釋的話，就會變得很簡單。以手握的位置當作支點，頭（力點）朝下，腳（作用點）就會往上抬起，帶動身體在單槓上轉一圈。想像用微小的力量抬起重物的「槓桿」，就能夠成功抬腿翻身上槓，且不需要花費多餘的力氣。

插圖／佐藤諭

較勁表現能力與團隊合作的【韻律體操】

【奧運比賽項目】韻律體操 個人全能（女子）、團體（女子）

以道具展現演技的比賽

韻律體操是配合音樂表演的比賽，直到一九八四年洛杉磯奧運才列入正式項目，包括個人與五人一起表演的團體賽事。很多地方與競技體操的自由體操項目相似，最大的不同在於韻律體操會使用稱為「手具」的道具。使用的手具有「環」、「球」、「棍棒」、「彩帶」、「繩」這五種，評審評分的重點是表演的美感。

影像提供／katatonia82/Shutterstock.com

▲團體賽內容包括約兩分半鐘使用相同手具的表演，以及約兩分半鐘使用兩種手具的表演。

比起動作的難易度，更重要的是表演的完整程度

韻律體操沒有像競技體操那樣雜技般的迴環或轉體動作，觀賞重點在於配合音樂與服裝的和諧表演。

尤其是拋高手具再接住的「拋接動作」，表現出選手與手具合為一體的模樣，這只有在韻律體操看得到。也是身體具有卓越的柔軟度與敏捷度，才可能實現的高超技能。

▼2021東京奧運個人項目中，需要使用除了繩之外的四種手具，各進行約一分半鐘的演出。

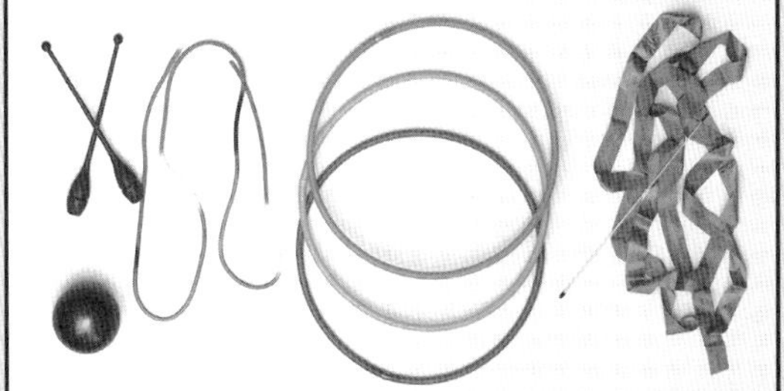

影像提供／Shutterstock.com

承受自身體重十倍衝擊的【彈翻床】

【奧運比賽項目】彈翻床 個人（男／女子組）

能夠製造八公尺彈跳力的軀幹肌力

彈翻床是在空中做出動作，比賽難易度爭取得分的競賽。除了講求「空翻」與「轉體」動作的美感之外，滯空時間與落網位置也是計分重點。

一流選手可以跳到約八公尺高，並且精準落在彈翻床中央。落網的衝擊力道是體重的十倍以上。為了能夠承受這麼大的衝撞力，需要好好鍛鍊軀幹的肌力。表演的最後，選手必須急停在彈翻床上靜止不動，這動作需要善用膝關節的彈性分散反彈力道。

插圖／加藤貴夫

滯空時間也會影響到計分

比賽時會使用紅外線感應器測量選手的滯空時間。跳得越高越有優勢，不過也很容易造成落網不穩。

在空中的時間大約兩秒

一套動作由十個跳躍構成，每次跳躍都必須跳出不同的動作。

落網區約一塊榻榻米大※

急停落網時，如果偏離長度 4.28 公尺、寬度 2.14 公尺的彈翻床中央四方形區域，就會被扣分。

※注：一張榻榻米的標準大小約是長 1.82 公尺 × 寬 0.91 公尺。

▼彈翻床的高度距離地面 1.15 公尺，目標是落網在正中央的「＋」標記上。

影像來源／ Trampqueen at English Wikipedia via Wikimedia Commons

重心移動至關重要的【競技攀岩】

【奧運比賽項目】抱石賽、先鋒賽、速度賽（男/女子組）

空有蠻力爬不上垂直的岩壁

競技攀岩是靠稱為「岩點（handholds）」的突起處攀登「人工攀岩牆」，比賽速度和高度的競賽。

岩點
可用手抓握或用腳踩的突起物。
人工攀岩牆
可拆卸，亦可改變比賽路線。

▲岩點的位置是由主辦單位的「路徑設定人」決定。

影像提供／Shutterstock.com

一般人以為抓著或踩著小小的岩點攀爬直立的人工攀岩牆，需要的是臂力，事實上一流選手更常依賴的是腳，而不是手。人體肌肉最多的部位是大腿，使用大腿才能夠發揮更大的力量。

從蹲踞的姿勢一口氣站起或擺盪身體抓住岩點等，借力使力，保留體力的「節能」技巧，也在此時發揮作用。

在挑戰人工攀岩牆之前，擬定攀登策略非常重要。手腳攀爬岩點的順序如果不小心弄錯，馬上就會損失時間。因此攀岩是需要動腦思考的競賽。

以三項競賽的總得分決定排名

先鋒	綁著繩索攀爬超過 15 公尺高的人工攀岩牆，比賽在 6 分鐘時限之內能夠爬多高。
抱石	無繩索攀爬高約 4 公尺的人工攀岩牆。比賽在 4 分鐘之內能夠完成的路線數。
速度	採一對一的方式攀爬 15 公尺高的人工攀岩牆，比賽完成的時間。

四次元腳踏車

啊！你們要騎車去兜風嗎？
為什麼不找我一起去？
是想找你，不過……
大雄你不會騎腳踏車啊！
下次要去散步時再找你去吧！
我也要去。
我的腳踏車呢？
買了以後就一直放在倉庫不是嗎？

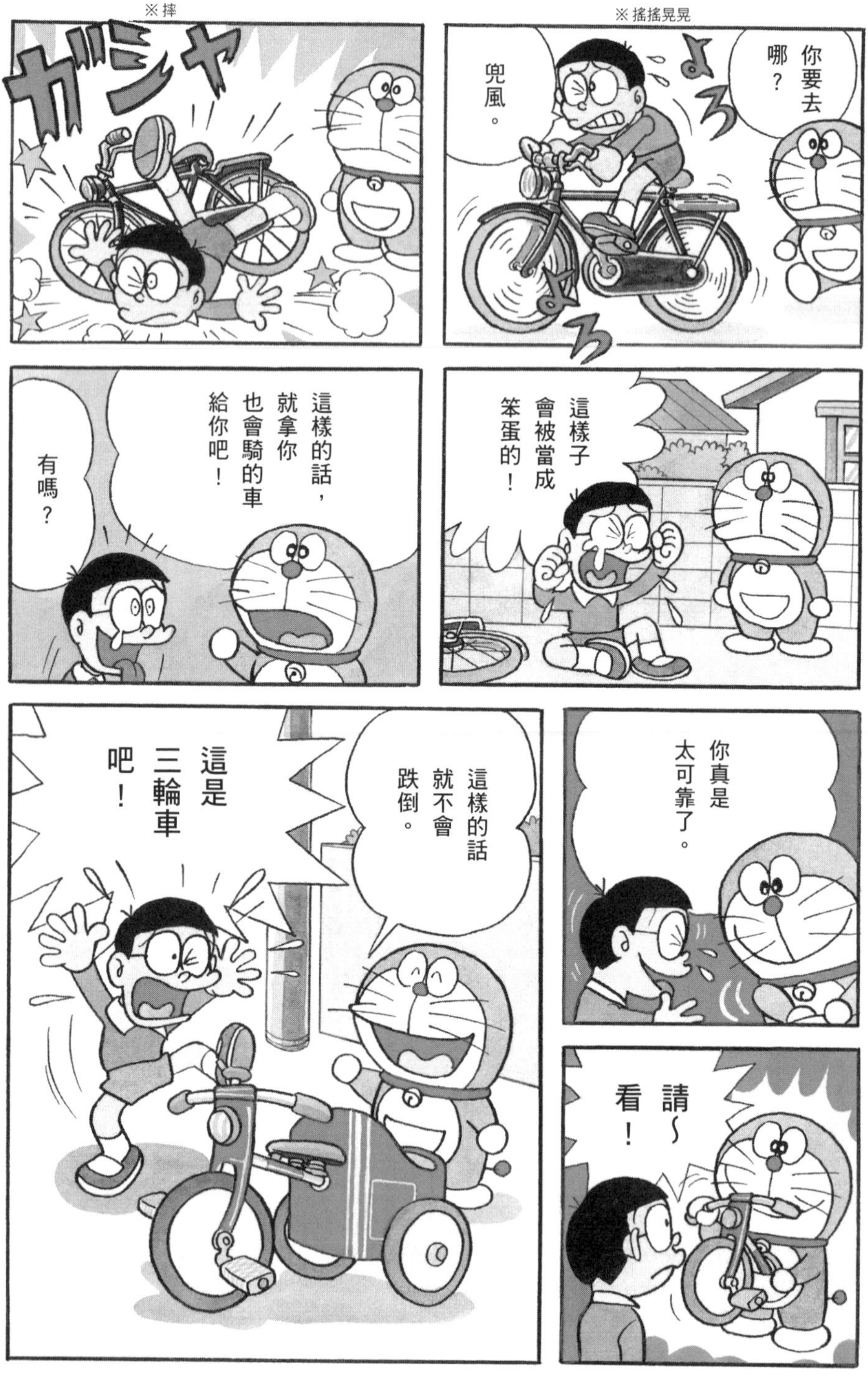
※搖搖晃晃
你要去哪？
兜風。
よろ
よろ
※摔
ガシャン
這樣子會被當成笨蛋的！
這樣的話，就拿你也會騎的車給你吧！
有嗎？
你真是太可靠了。
請～看！
這樣的話就不會跌倒。
這是三輪車吧！

Q 場地自行車比賽是在田徑場的跑道舉行，這是真的嗎？

你也未免太瞧不起人了吧！
這可不是普通的三輪車哦！
有鬧鐘、溫度計、日曆、削鉛筆機等等。
你太過分了！
就算我是小學生，
騎三輪車也太難看了。
我也沒有叫你
一定要騎啊！
別生氣，我知道了！
走吧！他們要去哪兜風呢？
……
我忘了問。
按下第一顆按鈕，
カチ
它會聞味道，
然後追過去。
クンクン

A 假的。場地自行車比賽是在專用的比賽場地進行。特徵是賽道有斜度，方便選手與自行車高速過彎。

※聞、聞

※喀喳

運動高手鍛鍊機Q&A

Q 踩自行車時，會感受到空氣阻力。速度提高三倍，空氣阻力是多少倍？①三 ②六 ③九

A
③九倍。因為奔馳的速度越快，空氣阻力越大。

這樣就像噴射機一樣快。
真想讓小夫他們看看我們這樣英勇的模樣……
ギーン
※咻～
小夫和胖虎都看不起我……
一定要追上他們，
讓他們心服口服！
他們的目的地就在附近。
在那裡！
靠近一點，再突然出現嚇嚇他們。

運動高手鍛鍊機Q&A

Q 自行車比賽時，站起來騎的姿勢，在台灣稱為什麼？①踩車 ②賽車 ③抽車

A ③抽車。另外也因為左右大幅度搖晃自行車的姿勢很像在跳舞，因此在法國也稱為「自行車上的舞蹈」。

太陽快下山了，回去再修吧！
唉！結果就這樣隱形回家。
真不甘心他們看不到我們追上的情形。
ブウン
※嗡～
恢復了！
哈哈，騎三輪車去玩嗎？
真可愛耶！
嗚哇!!

靠腳「踩」製造推進力的【自由車賽】

【主要項目】場地自由車、公路自由車、山地自由車、小輪車

腳踩踏板的迴轉力量傳送到鏈條，帶動後輪轉動，這股力量就是前進的原動力。
腳踩踏板，帶動車輪轉動。主要使用的是大腿肌肉。
踏板
驅動鏈
曲柄臂

插圖／杉山真理

自行車為什麼能夠持續往前走不會倒下？

自行車是靠人力轉動車輪行走的交通工具，前進的原理是左右腳輪流踩踏踏板轉動曲柄臂，驅動鏈條使後輪轉動，自行車就能夠往前行進。至於為什麼自行車能夠持續前進，不會倒下呢？那是因為移動中的物體會受到「慣性」這股力量影響而持續動作。可是，就像順著力的方向滾動的硬幣最後會倒向一邊，自行車前進一陣子之後也必然會倒下。所以騎車的人需要不斷操控自行車，假如覺得自行車快要倒向右邊，就將握把往右切。剛開始很難抓到感覺，不過習慣之後自然而然就會保持平衡。

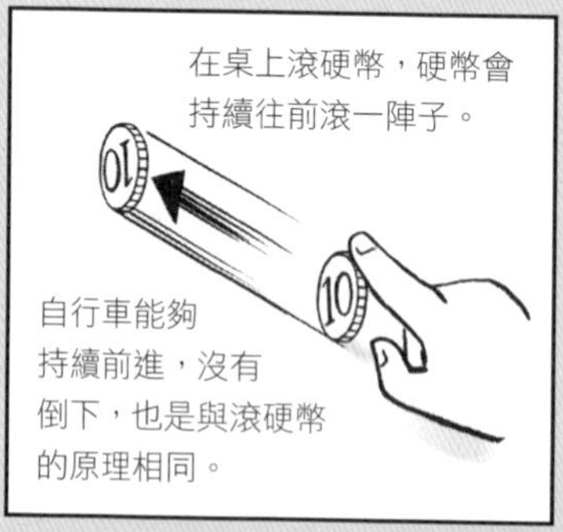
在桌上滾硬幣，硬幣會持續往前滾一陣子。
10
10
自行車能夠持續前進，沒有倒下，也是與滾硬幣的原理相同。

插圖／佐藤諭

關鍵在於有效率的把體重踩在踏板上

騎自行車時，腳踩踏板，手握握把，臀部放在座墊上，人的體重會分別施加在這些地方。如果不要過度把體重擺在握把和座墊上，腳尖踏穩踏板，就能夠以少量的力氣，更有效率的騎車。因此，運動用自行車的座墊位置略高，大約是腳伸直踩地時，腳尖只能稍微碰地的高度。座墊的位置若是比較矮，轉動踏板時就無法利用體重，只能全靠腳的力量，這樣子肌肉很快就會疲勞。

當以正確姿勢騎自行車時，不太會對膝蓋和腰部造成負擔，反而能夠用上大腿肌肉。尤其是站直時不可或缺的大腿後側肌肉「膕旁肌（Hamstrings）」，在日常生活中不太會訓練到，所以騎自行車時可以特別注意感受看看。

插圖／佐藤諭

▲座墊要調整至腳踩地面時，只能以腳尖碰地的高度。

特別專欄

殘奧使用的自行車

配合殘疾狀態，有各式各樣的自行車。例如為無法用腳踩踏板的選手設計的「手搖自行車（handbike）」。

◀視障選手坐在後方，視力健全的人坐在前方擔任導航。

▲▶用手轉動前進的自行車。與可以直接轉動後輪的輪椅不同，駕駛手搖自行車必須轉動與曲柄臂連成一體的握把。手搖自行車分為仰躺乘坐的類型，以及以跪坐姿勢乘坐的類型。

◀軀幹殘障選手使用穩定性高的三輪自行車。

影像提供／時事通信社（右下），Australian Paralympic Committee（右上），Dirk Ingo Franke（左上），via Wikimedia Commons（左下）

以時速七十公里奔馳的【場地自由車賽】

【奧運比賽項目】團體競速賽、個人全能賽（以上均有男／女子組）等

【殘奧比賽項目】個人計時公路賽、個人追逐賽（以上均有男／女子組）、團隊競速賽（混合）

沒有煞車的自行車在缽狀傾斜的跑道上狂飆

自由車競賽當中，在自行車賽車場上進行的比賽稱為場地自由車賽。奧運的場地跑道是一圈兩百五十公尺，而且為了確保轉彎時無須減速，跑道外側加高做成斜坡。要以高速通過平坦道路的彎道時，身體會因為離心力而大幅度向外側傾斜。把跑道做成缽狀、加上斜坡，就能夠消除這種情況。

場地自由車賽是最高時速可以達七十公里的高速競賽，一名成年人通常騎自行車的時速約為十五到二十公里，所以是一般速度的三倍以上。選手們以這種速度湊在一起奔馳時，一旦改變速度就有可能發生意外造成危險，因此場地賽專用的自行車沒有煞車也沒有變速器。而且踏板與後輪是連動式的固定齒輪，停車時，踩著踏板逆轉就可以停止。

另外，為了把空氣阻力降低到最小，車輪寬度很窄，輪圈也沒有幅條（或稱幅絲、鋼絲），而是圓盤狀的封閉輪或刀輪。

插圖／佐藤諭

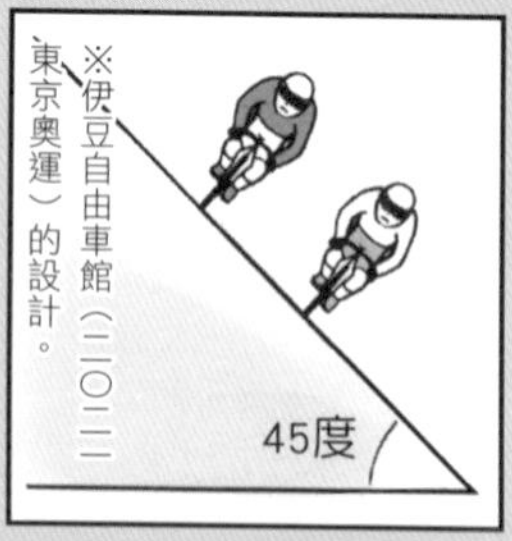
※伊豆自由車館（二〇二一東京奧運）的設計。
45度

▲為了高速過彎而設計的彎道，最大傾斜角度可達45度（※）。

影像來源／flickr/mistagregory

◀有著木質跑道的自行車賽車場。

沒有煞車也沒有變速器。
方便採前傾姿勢的彎把。
沒有縫隙的圓盤形封閉輪。
3～5片扁型幅條構成的刀輪。

插圖／加藤貴夫

減少風阻的前傾姿勢

騎乘自行車奔馳前進時，會感受到來自空氣的阻力，稱為「風阻」。自由車賽破風而行固然痛快，不過速度一旦提升，風阻也會跟著增加（速度變兩倍→風阻變四倍；速度變三倍→風阻變九倍）。

場地賽與公路賽使用的自行車，相較於一般的自行車，座墊位置較高，握把的位置較低。騎乘時，上半身維持接近水平的姿勢，前面受風的截面積減少，就能夠降低風阻。

插圖／杉山真理

▲只要改變座墊和握把的高度，騎車姿勢自然就會改變。

從短距離到長距離一應俱全！分項眾多的場地自由車賽

場地賽包含個人與團體等各式各樣的競賽項目，奧運會也把男子組與女子組各六個項目納入正式賽事。接下來簡單介紹其中幾個比賽項目。

「爭先賽（Sprint）」主要是一對一的短距離項目，比的是跑完規定圈數（預賽三點五圈，複賽五圈）抵達終點的先後順序。

「團隊追逐賽（Team Pursuit）」是四人一組分成兩小隊，從賽車場的對角線上同時出發，繞行四公里。只要一隊超越對手或是所花的時間較少，就贏了。

另外「美式接力賽（Madison）」是兩人一組，男子組繞行五十公里，女子組繞行三十公里，途中可以更換選手。休息的選手必須跑在賽車場外側，交換選手的次數不限。

影像來源／...some guy via Wikimedia Commons

▲誕生於日本並成為正式比賽項目的公營自行車賽「競輪賽」，比的是跑6圈抵達終點的順序。賽程中，一開始會有前導車幫忙擋風。

在一般道路進行長距離競賽的【公路自由車賽】

【奧運比賽項目】個人公路賽、個人公路計時賽（以上均有男／女子組）

【殘奧比賽項目】公路賽、計時賽（以上均有男／女子組）、輪椅接力（混合）

規則上是個人賽，但團隊合作很重要

自由車賽事當中，主要在鋪設柏油的一般道路上進行的比賽，稱為「公路賽」。奧運的公路賽項目包括男子兩百五十至兩百八十公里、女子一百三十至一百六十公里的單日賽。另外，還有兩天以上才能完成的分段賽（多日賽），例如環法自行車賽，就是賽程總距離超過三千三百公里，必須花費大約二十三天才能騎完的比賽。

公路賽雖然是個人賽，不過隸屬於同一團體的選手（奧運會上，如果一個國家派出多位選手，就是指同一國家的選手）通常會組隊，與領先的隊伍展開拉鋸戰。

比賽中，經常看到同隊選手排成一直線奔馳的場面，這也是前一頁提到的減少風阻的技巧。

跟在其他選手後面騎車，能夠減少風阻，而且距離越靠近，越能夠有效的降低風阻。舉例來說，以時速四十公里的速度，跟在前方選手身後兩公尺的位置前進，可以減少約三成風阻；再靠近三十公分的話，甚至有可能可以減少約一半的風阻。比賽時經常使用的戰術是，王牌選手直到快到終點之前，都會待在排成一直線的隊伍

影像來源／flickr/musume miyuki

▲2021 東京奧運的路線要越過海拔一千公尺以上的山區，最後再回到富士山的山麓。

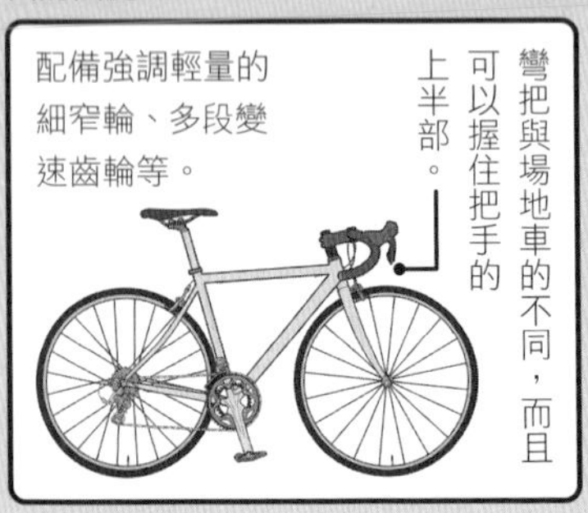
配備強調輕量的細窄輪、多段變速齒輪等。
彎把與場地車的不同，而且可以握住把手的上半部。

插圖／加藤貴夫

隊伍排成一列前進，越後方的選手前進時承受的風阻越小。

插圖／佐藤諭

後面保存體力，由其他選手輪流領頭破風。

自行車的公路賽還有「公路計時賽」的項目，分為團體賽與個人賽，每隊或每位選手出發的時間相隔一、兩分鐘，以此計時。沒必要與其他選手或團隊互相牽制拉鋸，因此會使用為了因應計時賽特性而設計的自行車，例如加裝更能降低風阻的休息把（TT handlebar，參一六六頁）等。

征服斜坡的「抽車」技巧

臀部離開座墊站起來踩踏踏板的動作，稱為「抽車」。變速齒輪片數少的城市休閒車，有時爬坡上不去時，也會站著騎，基本上這個動作與「抽車」差不多。只不過騎的是公路車的話，多半會在站起來之前將齒片加重一至兩個檔次，更有利於加速。

抽車時，身體的軸心不動，左右擺動自行車身。原則上必須保持腰部的高度，踩踏時，加上拉車把的動作，就能夠把全身的力量用來踩踏板。抽車還能夠讓持續坐著踩踏板而疲勞的肌肉有機會休息，因此在公路賽上經常使用。

特別專欄

持續採納新技術的公路車

使用比鋁合金更輕的碳纖維，或風阻更低的空力車架（aero frame，空氣力學低風阻車架）等等，都是為了追求公路車的速度而進行的車身改良。另外，由電腦控制的電子變速公路車等更方便的操控功能，也正在開發中。

▲輕輕一碰變速裝置就能夠輕鬆變速的電子變速系統。

S-WORKS

▲為了把空氣阻力降至最低，將車架設計成流線型。

影像提供／SHIMANO INC.、SPECIALIZED JAPAN

抽車的姿勢

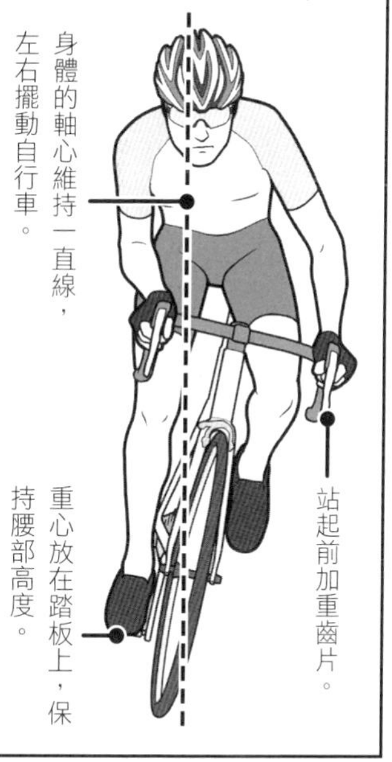
身體的軸心維持一直線，左右擺動自行車。
站起前加重齒片。
重心放在踏板上，保持腰部高度。

插圖／加藤貴夫

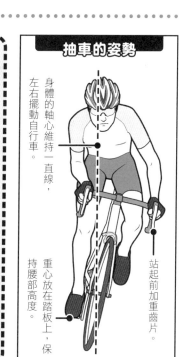

在山路上奔馳的【山地自由車賽】

【奧運比賽項目】越野賽（男／女子組）

3

影像來源／youkeys via Wikimedia Commons

▲路途中會走過岩石區、陡坡、只能容納一人通過的窄路等。

配備粗壯寬輪胎的登山車（MTB）

登山車是指在山路等未鋪設柏油的原始路面上行走的運動自行車，於一九七〇年代在美國誕生。這類自行車擁有堅固耐用的寬輪胎及結實的車架，車把是平把，方便拉高前輪閃避障礙物，還有多段變速齒輪，以及在山路上也能夠操控速度自如的強力煞車，另外還配備能夠緩衝地面強烈撞擊的避震器等。以上這些都是登山車的特徵。

登山車的競賽項目跑的也是大自然路線，分成測試綜合能力的「越野賽」、衝下山的「下坡賽」等比賽項目。

納入奧運項目的「越野賽」，規定選手要在一個半小時之內連續完成每圈四到六公里的路線，每圈花費的時間低於標準的選手淘汰。選手必須在大石頭、顛倒的樹木、泥濘當中騎車前進，因此需要具備耐得住衝擊的體力，以及靈活操控自行車的技術。

胎面有堅硬凹凸顆粒的巧克力胎，標準寬度要超過五公分。
車把是一字形的平把，行走在凹凸不平的路面也能夠操控自如。
多段變速組，通常是前齒輪一片，只有後側是多段齒片的類型較多。
可吸收路面衝擊的避震器。

插圖／加藤貴夫

展現轉動小輪徑技術的【小輪車賽】

【奧運比賽項目】土坡競速賽、自由式小輪車賽（以上均有男／女子組）

車輪、車體都很小的小輪車（BMX）

小輪車賽據說是一九六〇年代後期，美國小孩以自行車進行類似機車越野賽的遊戲而誕生的運動。小輪車的粗壯車輪、堅固車架與登山車類似，不過最大特徵是車體很小。奧運比賽規定的車輪直徑是二十英吋（約五十公分），與折疊式自行車差不多。小輪車不是設計來跑長距離，而是希望在跳躍障礙物等能有傑出表現，因此沒有避震器也沒有變速組。

小輪車的競賽項目包括比速度的「競速賽」，以及比跳躍和花式動作的「自由式」這兩大項目。

「競速賽」是在長約四百公尺的專用賽道上進行，從高度約八公尺的閘門出發後衝下急陡坡，順勢跨越幾個高低坡，奔向終點。

另一方面，「自由式」小輪車賽要使用跳台，帶著自行車空翻或只讓車身在空中旋轉，在一分鐘之內展現驚人表演的競賽，比的是難易度與獨創性。

影像來源／Fabrizio Tarizzo via Wikimedia Commons

▲競速賽是根據年齡，從五歲起細分成幾個級別。

影像來源／Martin Rulsch via Wikimedia Commons

◀自由式小輪車賽比的不是速度，而是技巧的精妙。

重量輕又堅固耐用的小車，沒有變速組和避震器。

前後輪軸上有長約十公分的腳踏桿（一般稱火箭筒，限自由式使用）。

插圖／加藤貴夫

挑戰水陸極限的【鐵人三項】

【奧運比賽項目】鐵人三項　個人（男／女子組）、混合接力賽

【殘奧比賽項目】鐵人三項　個人（男／女子組）

由游泳、自行車、長跑構成嚴酷的「鐵人」競賽

鐵人三項是依序完成游泳、公路自由車、長跑這三個項目且不間斷的複合式競賽。奧運會的鐵人三項總距離是共計五十一點五公里（一點五公里、四十公里、十公里），不過其他鐵人三項競賽的賽事路線長度不一，每年都會在夏威夷舉行的鐵人三項世界錦標賽，競賽總距離甚至可達兩百二十五公里（三點八公里、一百八十點二公里、四十二點二公里）。

競賽中除了比賽各項目的能力高低之外，影響速度分配的牽制拉鋸也很重要。另外，各項目之間能否快速切換也是關鍵。比方說，事先把自行車鞋裝在自行車踏板上，就能夠一邊往前騎一邊把鞋穿上。

奧運等大型國際賽事的鐵人三項自行車項目，沒有禁止運用位於前方的選手幫忙擋風，因此騎在前面的選手通常採取握住休息把（突出在車把前方的把手）的前傾姿勢，故意不加速，藉此保存體力。

經過一番龍爭虎鬥之後，同屬領先集團的選手多半也會一起進入最後一關的「長跑」，拚命擺動因游泳和騎自行車而疲憊至極的雙腿，衝向終點。

影像來源／Oleg Dubyna from Poltava via Wikimedia Commons

▲鐵人三項的游泳項目不是在泳池，而是在海裡、湖泊或河川舉行。

▼混合接力賽中，跑完的女選手與下一棒的男選手擊掌換人。

影像提供／法新社＆時事通信社

▼握住朝前方突出的休息把，就能夠以輕鬆的姿勢減少風阻。

影像來源／Thomas Kriese via Wikimedia Commons

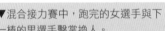

帆船大冒險

這是帆船，
四周是大海。
好寬闊的大海喔。
哈哈，兩個傻子。
我們等一下要去搭真正的帆船了。
被他們嘲笑了。
好。
我就把箱子變成真正的帆船。
這種紙板沾到水就會壞掉喔。
不會沾溼的。
放到水裡不就溼了嗎？
不必放到水裡。

運動高手鍛鍊機Q&A

Q 下列何者有「環球一周的賽事」？（不屬於奧運比賽項目）

① 輕艇 ② 划船 ③ 帆船

A ③帆船。其中還有「旺代單人不靠岸航海賽」這種嚴峻比賽，必須獨自一人繞行世界一周，幾個月都不能靠岸。

※嘎嘎

運動高手鍛鍊機Q&A

Q 二〇一六年里約奧運中，日本選手取得銅牌的是哪個輕艇項目？①輕艇激流 ②輕艇靜水

※咻～

A ①輕艇激流。羽根田卓也拿下「輕艇激流/加拿大式單人（C1）」銅牌，創下日本首次在輕艇項目中奪牌的紀錄。

運動高手鍛鍊機Q&A

Q 二〇二一年東京奧運的衝浪項目，將在哪裡舉行？①東京都 ②千葉縣 ③神奈川縣

A ②千葉縣。預定在九十九里濱的釣之崎海岸舉行。此處海岸因能製造強力優質的海浪，有很多衝浪客造訪。

※卡住
ベチャ
啊。
不小心滑過積水了。
紙箱沾到水後……
開了一個大洞。
※往下沉
船要沉下去了啊～～!!
ブク
ブク
誰來救救我們啊～～
要溺死了啦，救命啊……
?

操控載具，靠腳力划船

【主要項目】划船、輕艇、帆船、衝浪、滑板

單人雙槳項目
槳手只有一人。這項運動很容易受到風的影響，很難一邊保持平衡一邊直線前進。
四人單槳無舵手項目
四人一左一右交互各拿一支船槳，四個人的呼吸一致很重要。

插圖／杉山真理

利用「槓桿原理」划船

操控載具的競賽，除了自行車，還有划船、輕艇、衝浪等許多類型，有很多都是水上競技。我們就先來看看划船的原理吧。

各位知道「槓桿原理」嗎？左上圖中，以A為支點，壓下遠處的B點，就能夠抬起在C點的重物。像這樣，利用「槓桿原理」把小力量變成大力量，船就會動起來。

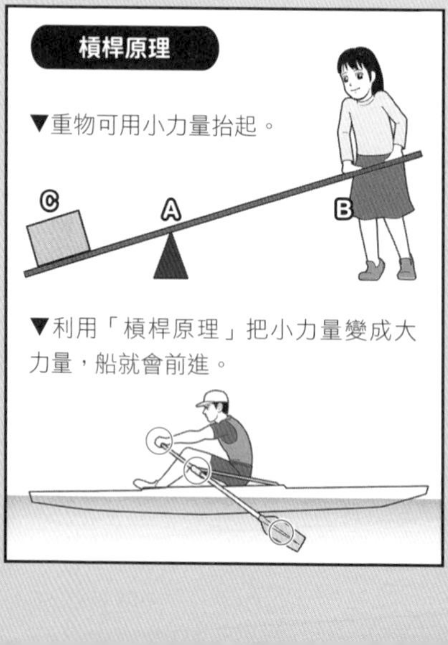

槓桿原理
▼重物可用小力量抬起。
C
A
B
▼利用「槓桿原理」把小力量變成大力量，船就會前進。

插圖／加藤貴夫

腳的「推蹬」製造推進力

划船運動看起來好像主要是靠臂力在划，事實上是靠腳的「推蹬」製造推進力。划船鞋就固定在船底，把腳套進鞋子裡，選手只要不停的彎曲、伸直膝蓋，臀部坐著的滑座就會前後移動。兩千公尺的賽程，即使是頂尖選手，也需要彎曲伸直膝蓋超過兩百次。

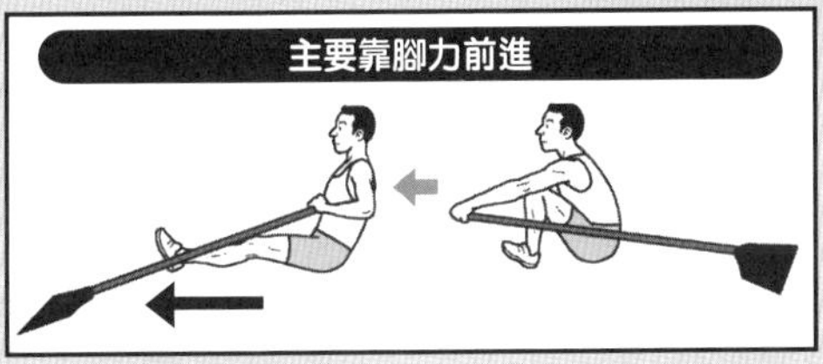
主要靠腳力前進
插圖／杉山真理

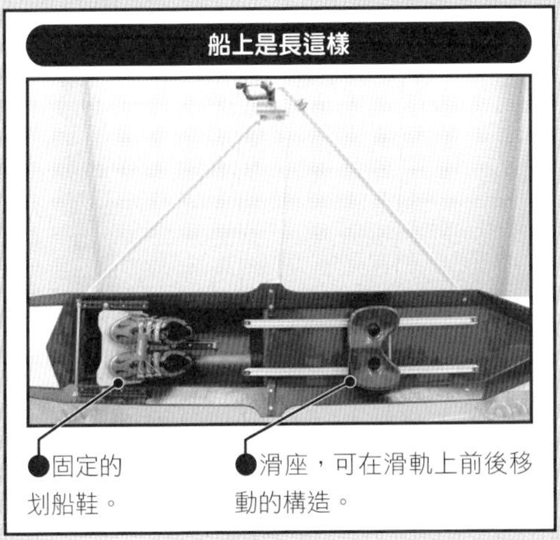
船上是長這樣
固定的划船鞋。
滑座，可在滑軌上前後移動的構造。
影像提供／桑野造船（股）公司

六分鐘划兩千公尺必須具備耐力

比賽時，從起點到終點的配速十分重要。開始的階段，所有船都全力以赴，船槳划動頻繁，能否盡快加速到最高速度，就是勝負的關鍵。

到了賽程中段，已經沒有起跑時的體力，所以必須保留體力，使出最快速度同時避免做出浪費體力的動作。有時也需要觀察其他船的動態，全速前進。

到了最後衝刺階段，每艘船在此時都會加速，使盡剩餘的力氣展開殊死戰。

划船項目最需要的，就是在長距離的賽程中能夠持續出力的耐力。

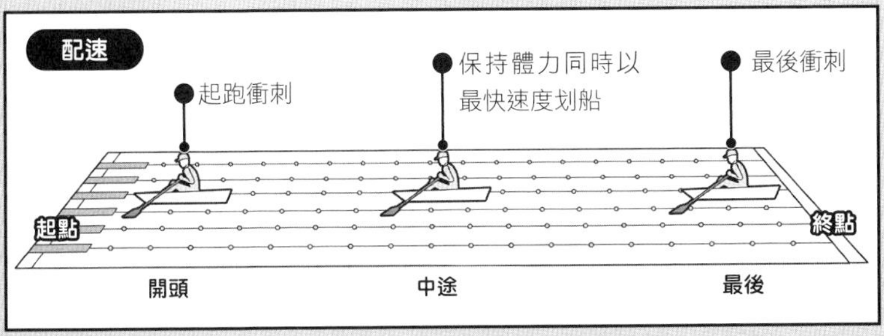
配速
起跑衝刺
保持體力同時以最快速度划船
最後衝刺
起點
終點
開頭
中途
最後
插圖／加藤貴夫

團隊合作比什麼都重要——划船團體項目

【奧運比賽項目】單人雙槳、雙人單槳無舵手、雙人雙槳、四人單槳無舵手、四人雙槳、八人單槳有舵手、輕量級雙人雙槳（以上均有男／女子組）

划船項目從單人到八人都有

划船項目可分為每人拿一支船槳的「單槳」賽，以及每人一手拿一支，共拿兩支船槳的「雙槳」賽。還可以更進一步的根據槳手人數細分。一艘船有兩名以上槳手的項目，槳手必須配合彼此的呼吸與動作，達到一致，這點很重要。

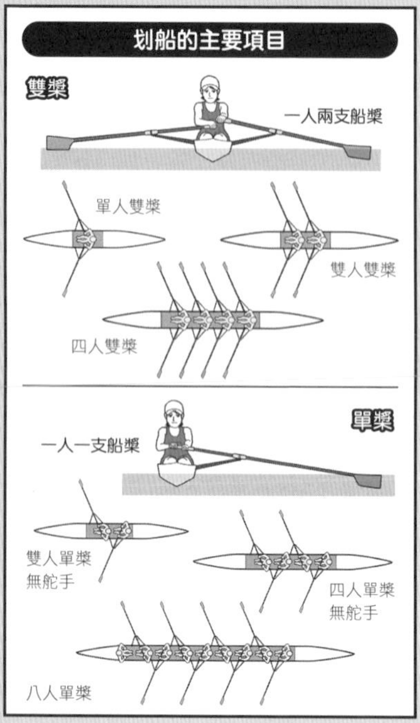

划船的主要項目
雙槳
一人兩支船槳
單人雙槳
雙人雙槳
四人雙槳
單槳
一人一支船槳
雙人單槳無舵手
四人單槳無舵手
八人單槳

插圖／加藤貴夫

人氣正夯的「八人單槳」項目「舵手」擔任什麼樣的任務？

「八人單槳有舵手」是目前相當受歡迎的比賽項目。槳手每人各拿一支船槳，除了八名槳手之外，還有一名負責掌舵的「舵手」，坐在與槳手面對面、朝著前進方向的位置上。舵手的任務是下指令分配槳手的速度，以及激勵槳手。

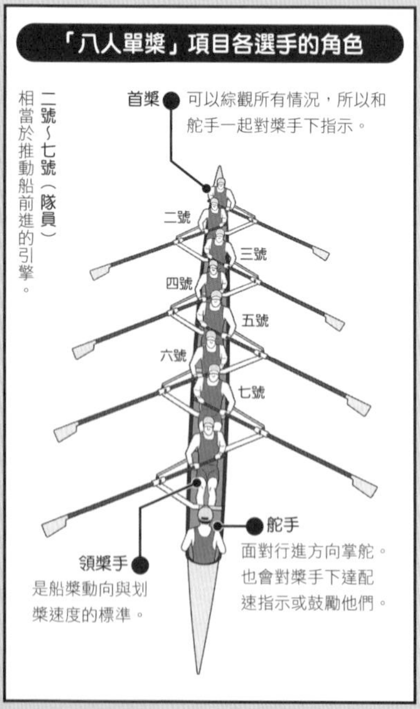

「八人單槳」項目各選手的角色
首槳
可以綜觀所有情況，所以和舵手一起對槳手下指示。
二號～七號（隊員）
相當於推動船前進的引擎。
二號
三號
四號
五號
六號
七號
舵手
面對行進方向掌舵。也會對槳手下達配速指示或鼓勵他們。
領槳手
是船槳動向與划槳速度的標準。

插圖／加藤貴夫

輕艇坐的方向與划船相反，用整個上半身划槳前進

【奧運比賽項目】靜水　愛斯基摩艇單人（K-1）、愛斯基摩艇雙人（K-2）、愛斯基摩艇四人（K-4）、加拿大式艇單人（C-1）、加拿大式艇雙人（C-2）
激流　愛斯基摩艇、加拿大式艇（以上均有男／女子組）

直線前進的靜水項目與勇渡急流的激流項目

輕艇的乘坐方向與划船項目相反，身體是面對前進方向。輕艇的比賽項目可以分為兩大類，在直線賽道上比順序的「輕艇靜水」，以及每次一人一邊穿過兩根桿子構成的閘門一邊順著急流而下、比時間快慢的「輕艇激流」。

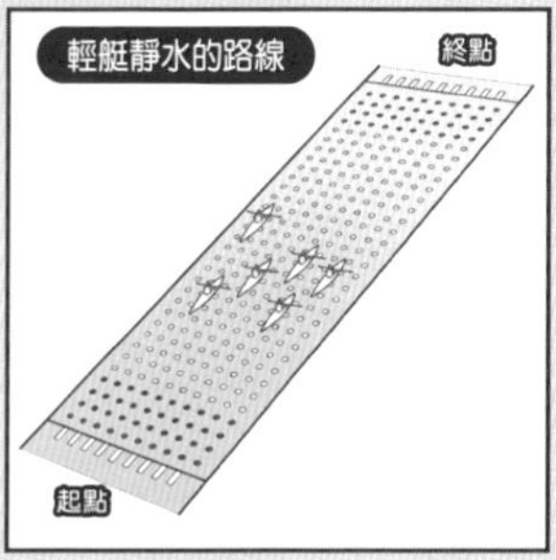
輕艇靜水的路線
終點
起點

◀在靜止的水面上直線前進。比賽分為兩百公尺、五百公尺、一千公尺這三種距離。

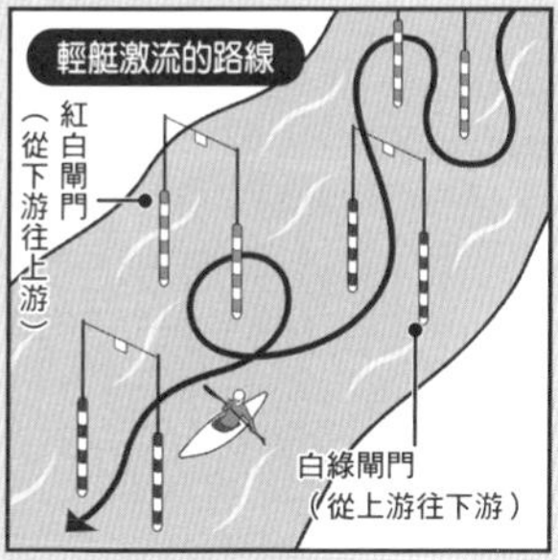
輕艇激流的路線
紅白閘門（從下游往上游）
白綠閘門（從上游往下游）

◀白綠相間的閘門是從上游到下游時要穿過，紅白相間的閘門是從下游到上游時要穿過。

插圖／加藤貴夫

兩頭都有槳葉的愛斯基摩艇與槳葉只有一邊的加拿大式艇

輕艇的靜水項目與激流項目，還分成以兩頭均有槳葉的船槳交互划的「愛斯基摩艇」項目，以及使用只有一頭有槳葉的船槳划左邊或右邊單側的「加拿大式艇」項目。上述兩種都是要轉動肩膀、使用整個上半身出力。

愛斯基摩艇

比起握在下方拉船槳的力量，握在上方推船槳的力量更重要。

加拿大式艇

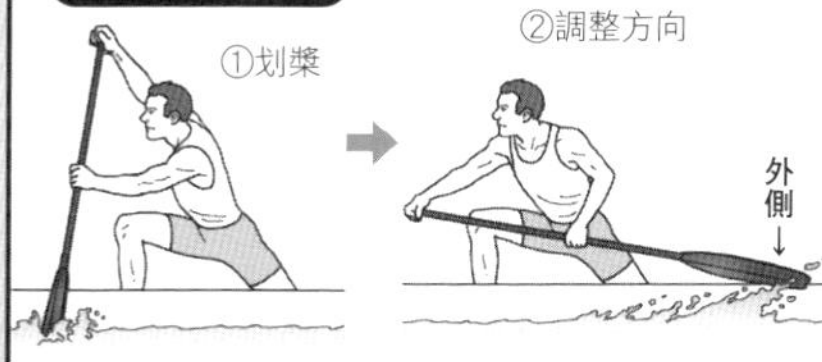
①划槳
②調整方向
外側

划左邊，輕艇就會向右轉，所以划槳拉起時，槳葉要朝外，調整方向。

插圖／杉山真理

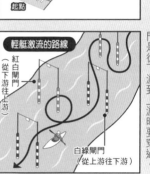

利用風力操控風帆的【帆船賽】

【奧運比賽項目】RS:X型、470型（以上均有男／女子組）、雷射型（男子）、雷射輻射型（女子）、芬蘭型（男子）、49人型（男子）、49人FX型（女子）、Nacra 17型（混合）

朝上風處前進時，路徑是鋸齒狀

帆船賽是利用有船帆的船隻進行的競賽，不像划船賽那樣需要划動船槳，而是利用風力前進。帆船不是只能從上風處往下風處移動，也可以從下風處往上風處航行，只不過無法走直線，只能朝著與上風處呈四十五度角的方向前進。所以必須先斜向前進，再轉向朝反方向斜著走，形成鋸齒狀路徑。

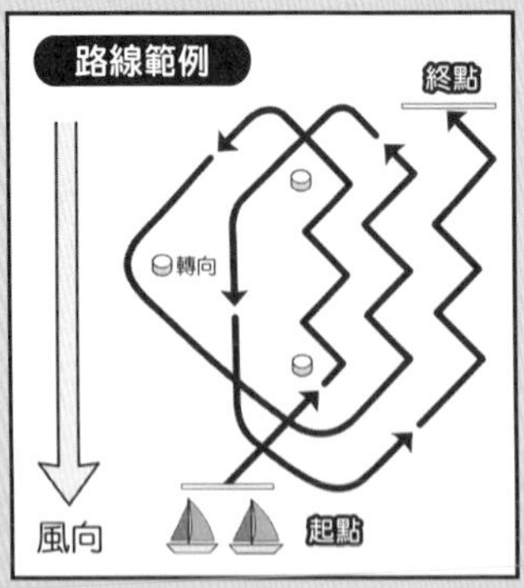
路線範例
終點
轉向
風向
起點

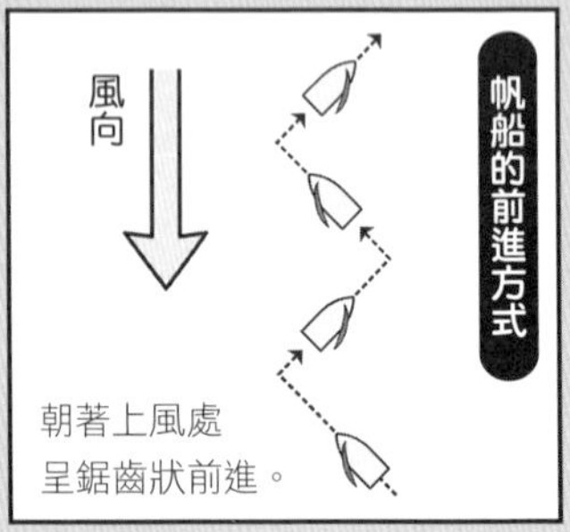
帆船的前進方式
風向
朝著上風處
呈鋸齒狀前進。

插圖／加藤貴夫

帆船為什麼能夠逆風而行？

那麼，為什麼帆船能夠朝著與上風處呈四十五度角的方向前進呢？這是因為船帆受風膨脹產生「升力」，與飛機能夠飛上天的原理相同，這股力量加上中央板的阻力，就成為前進的力量。

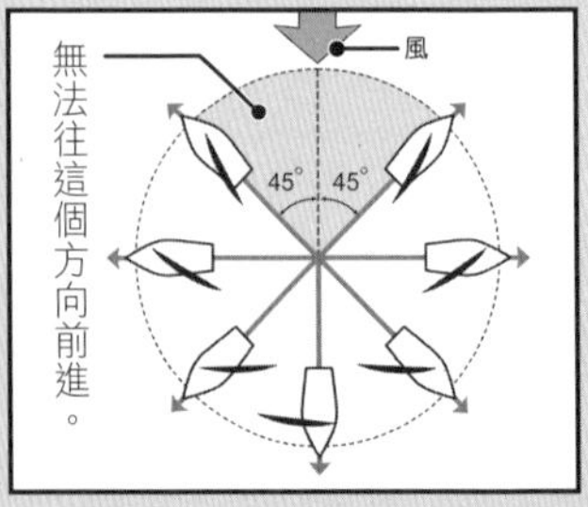
風
無法往這個方向前進。
45°
45°

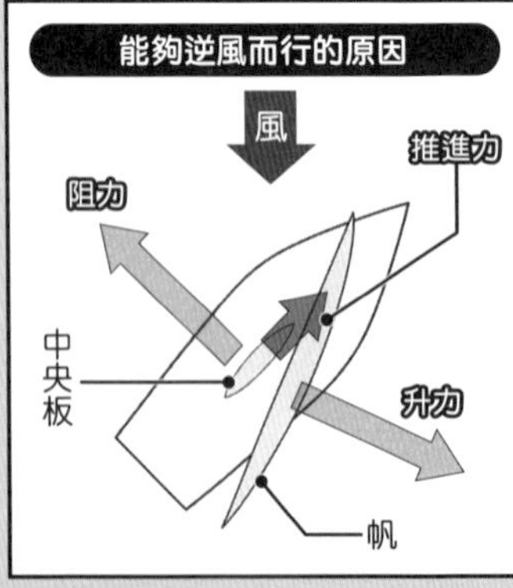
能夠逆風而行的原因
風
推進力
阻力
中央板
升力
帆

通過船帆附近的風產生升力，帆船底部的中央板會產生阻止帆船跟著水流側滑的阻力。這兩股力合而為一產生推進力。

插圖／加藤貴夫

身體探出船外，保持平衡

帆船有各式各樣的類型，競賽項目也分成很多種。其中，在日本擁有最多競爭對手的就是四七〇型帆船。這種小型帆船全長四點七公尺，由一名舵手和一名隊員兩人共同操控。這種小型帆船的帆被強風吹歪時，隊員必須把上半身探出船身阻止。有時風太強的話，可能必須整個人伸出船外。

插圖／加藤貴夫

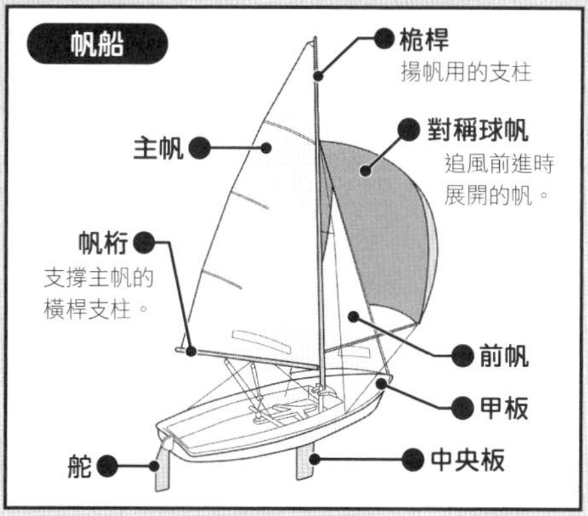

帆船
桅桿
揚帆用的支柱
主帆
對稱球帆
追風前進時展開的帆。
帆桁
支撐主帆的橫桿支柱。
前帆
甲板
舵
中央板

◀身體伸出船外的隊員。

影像來源／HawaiianMama via Wikimedia Commons

帆船賽的各種船型比賽項目

芬蘭型

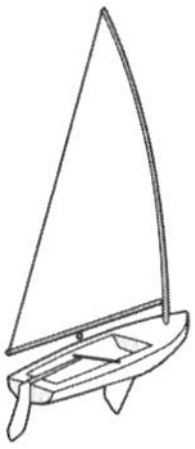

選手以全長 4.51 公尺的略大帆船競賽的單人賽項目，名稱來自於這種帆船誕生自芬蘭。

雷射型、雷射輻射型

選手以全長 4.23 公尺的小型帆船競賽的單人賽項目，雷射輻射型的船帆面積比雷射型更小。

RS：X 型

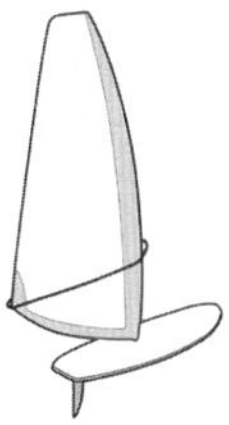

在衝浪板上豎起一張帆的單人賽項目，也稱為風浪板。

NACRA 17 型

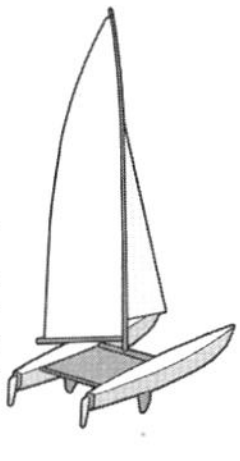

選手以兩個船身連接而成的「雙體船」競賽的雙人賽項目。

49 人型、49 人 FX 型

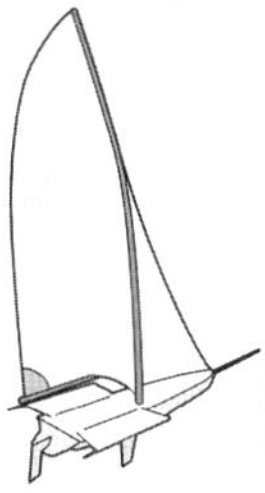

選手們以全長 4.99 公尺的大型帆船競賽的雙人賽項目，49 人 FX 型的船帆面積比 49 人型更小。

470 型

選手以全長 4.7 公尺的帆船競賽雙人賽項目。

插圖／加藤貴夫

需要有保持平衡的力量【衝浪】

【奧運比賽項目】短板（男／女子組）

衝浪板為什麼能夠往前進？

以衝浪板駕浪前行就稱為衝浪。這是二〇二一東京奧運新增的競賽項目。比賽內容是看誰能夠做出前所未有的困難衝浪動作，而且完成度高，才有機會取得高分。至於說到衝浪手為什麼能夠持續待在浪上，這是因為往上抬到浪上的力量與自身的體重（重力）、衝浪板浮起的力量（浮力）相互制衡，才使得衝浪手能夠一直待在浪的斜面上。

海浪的力量與衝浪板的平衡
往上抬的力
重力
推向海岸的力

插圖／杉山真理

衝浪的高難度動作

想要站在衝浪板上持續駕浪，最重要的就是保持平衡的能力，軀幹的肌力尤其重要。

觀賽時，各位務必要看的酷炫動作有兩個：一個是一口氣攀上浪牆、跳上半空中的「浪頂騰空」；另一個是在海浪捲成的「管浪」裡面滑行的「波管駕乘（或稱鑽管浪）」。這兩種動作同樣震撼力十足。

影像來源／ flickr/Steven Tyler PJs

浪頂騰空

波管駕乘（鑽管浪）

來源／The Last Minute via Wikimedia Commons

首次成為奧運競賽項目【滑板】

【奧運比賽項目】公園（男／女子組）、街道（男／女子組）

影像來源／Lewis Sharman from i dont live in a city :(, via Wikimedia Commons

在欄杆扶手上滑行的「磨板身」

▲街道賽的重點是滑行人行道邊緣與欄杆扶手的技巧。

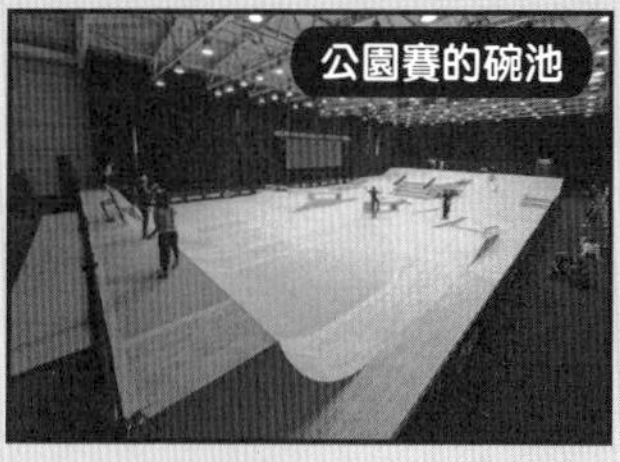
公園賽的碗池

▲公園賽的碗池

影像來源／flickr/FK-ramps

影像來源／flickr/Edward Simpson

在碗池做出的空中動作

▲公園賽經常出現飛上空中的跳躍動作。

插圖／加藤貴夫

帶板跳起的「豚跳」怎麼做到？

滑板也是二〇二一東京奧運新加入的比賽項目。比賽分成模仿街頭的情況，設置欄杆扶手、階梯、人行道邊緣等路線的「街道賽」，以及在形狀複雜的碗池展現跳躍等技巧的「公園賽」。

滑板的祕密

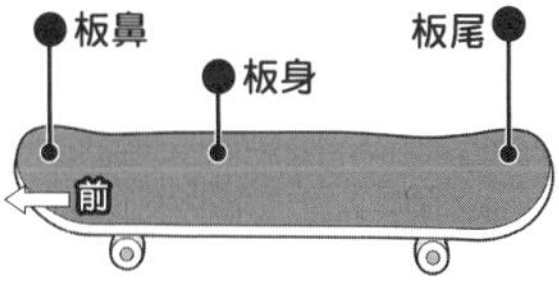
板鼻
板身
板尾
前

▲滑板表面粗糙，踩著不易滑脫。

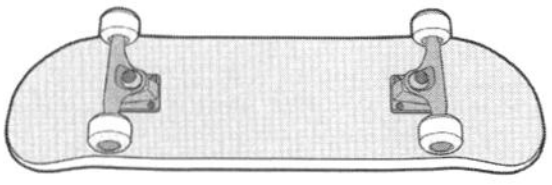

▲前後都有輪子。

豚跳（Ollie）

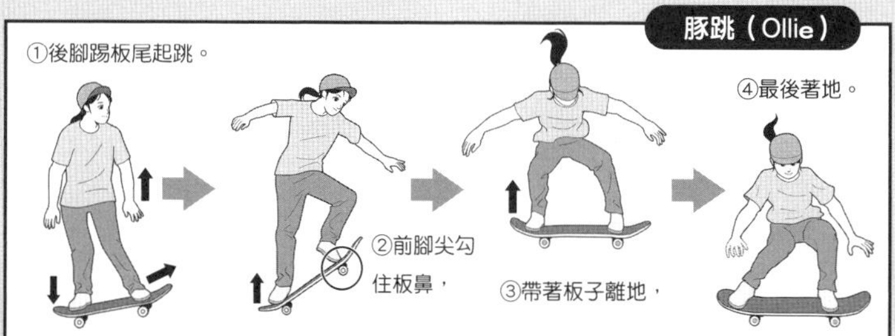
①後腳踢板尾起跳。
②前腳尖勾住板鼻，
③帶著板子離地，
④最後著地。

用弓箭上學

遲到了，要遲到了～～
會被老師罵的啊……
※咕嚕咕嚕
ガラガラ
你再這樣拖拖拉拉的，就要遲到了啦。
才不會呢！
大雄，吃早餐了。
來了。
什麼嘛，原來時間還很早啊！
慢慢走吧。
不快一點會遲到的。
沒問題的。
從今天開始絕對不會遲到了。
我們昨天就已經準備好預防遲到的道具了。

我去上學了。
大門在那邊啊！
從這邊走也可以啦！
要用什麼顏色的箭呢？
放在學校的箭靶是黃色的，所以就用黃色的箭。
※咻～
路上小心～
※咻～
好快喔。

運動高手鍛鍊機Q&A

Q 聽説射箭選手射出的箭矢，飛行時速很快，甚至超過兩百公里。這是真的嗎？

A 真的。射出的箭矢時速甚至可超過兩百五十公里，力道強大，足以穿透厚度五公釐的鐵板。

已經到學校了。
箭靶在那裡。
※啪～
及時趕到。
什麼，大雄已經到了。
好奸詐。
你們兩個又遲到了。
被老師罵了。
都是大雄的錯。
回家的路上再去教訓他。

運動高手鍛鍊機Q&A

Q 聽說用力射出的箭矢，能夠像雷射一樣筆直飛行，射中目標。這是真的嗎？

A 假的。無論射箭的力道有多大，箭矢都會朝地面墜落，因此不會是筆直飛行。

Q 以弓箭射中最遠箭靶的金氏世界紀錄保持人，聽說沒有雙手。這是真的嗎？

A 真的。美國的斯塔茲曼（Matt Stutzman）選手用腳操控弓箭，射中約兩百八十三公尺遠的箭靶。

使力量充滿工具與身體之後「釋放」

【奧運比賽項目】射箭　個人（男／女）、團體（男／女／混合）

【殘奧比賽項目】射箭　個人（男／女）、團體（混合）等

【主要項目】射箭

射箭的基礎
充滿力量的寧靜
弓弦拉得越緊，弓的反彈力道就越大。選手一邊保持在這股強大力量的平衡，一邊朝著箭靶擺出正確姿勢，一動不動，直到放箭。

插圖／杉山真理

以強大力量控制精密動作，考驗專注力的運動

搭弓、拉弦、放箭是很單純的動作，對這些動作要求力量與精密度的競賽，就是射箭。奧運射箭賽使用的圓形箭靶直徑一百二十二公分，設置在距選手七十公尺處。靶心的直徑只有十二點二公分，射中的位置越靠近靶心，得分越高。比賽時，每人要射七十二次以上，再比較總得分。箭矢以大約兩百五十公里的時速飛出，射中箭靶。想要射出這種速度，弓弦必須夠強勁，其張力（拉動需要的力量）超過二十公斤。

各位只要想像自己雙手的手指各拿著一袋十公斤的米，並且要以標準姿勢抬高米袋超過一百次，你或許就能明白有多困難了。

▼射中靶心得 10 分，每往外偏移 6.1 公分，得分就遞減。圓心中央稱為「內十分圈（inner 10）」。

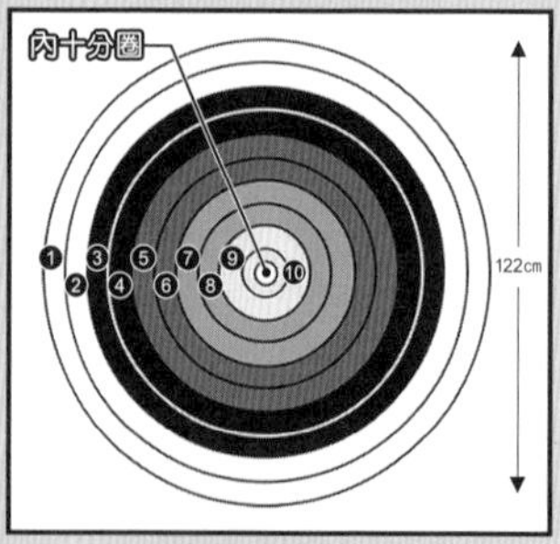
內十分圈
1
2
3
4
5
6
7
8
9
10
122cm

插圖／加藤貴夫

弓的名稱

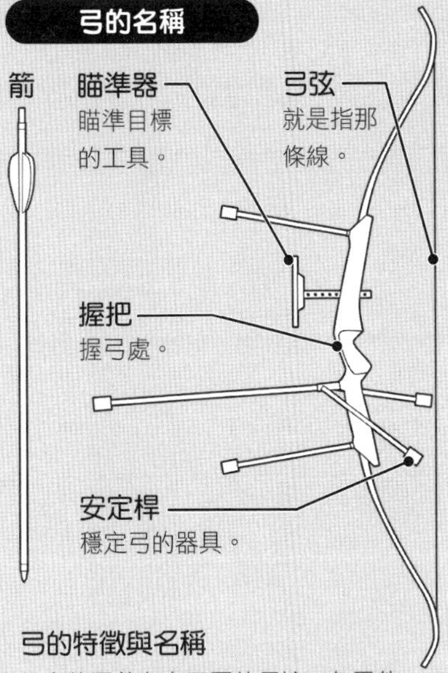
箭
瞄準器
瞄準目標的工具。
弓弦
就是指那條線。
握把
握弓處。
安定桿
穩定弓的器具。

弓的特徵與名稱

弓上的零件各有不同的用途，各零件的性能、箭的粗細與長度種類眾多，選手必須選擇適合自己的工具使用。

基本動作

1

1 預備

想要準確射中箭靶，正確的站立位置與姿勢很重要。以正確姿勢搭箭舉弓，調整呼吸後引弓。

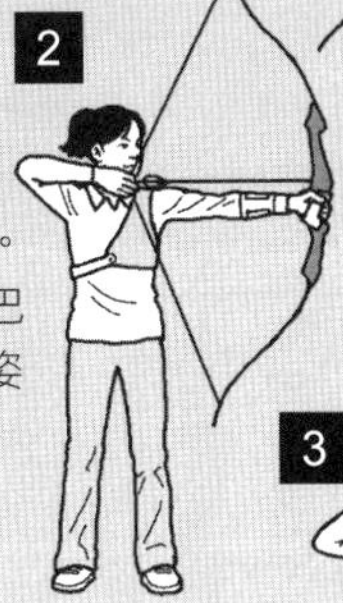
2

2 引弓

引弓需要很大的力氣。拉開弓弦的手抵在下巴或臉頰處，以正確的姿勢鎖定目標。

3

3 放箭

最重要的是放箭後的手勢，不能干擾以正確姿勢射出的箭，否則會枉費一切努力。

插圖／加藤貴夫　插圖／杉山真理

古人發明，至今仍在進化的「弓矢」

人類從什麼時候開始使用弓箭固然無從得知，不過可以確定的是一萬至兩萬年前就已經普遍使用。射箭首次成為眾人熟悉的運動項目，則是要到十六世紀英國舉辦的射箭比賽。

過去使用的弓箭是木製的弓加上繩子、皮革、骨頭等補強而成，現在的主流則是玻璃纖維或碳纖維製成的弓，耐用又輕盈。箭的材質也是從竹子、木材進化到合金、碳纖維。弓箭的技術與時俱進，越來越多出色的產品問世。

特別專欄

現代弓與日本弓有什麼不同？

現代射箭與日本弓道，對於工具的看法有很大的不同。日本弓道使用自古傳承下來的工具，強調技術的磨練。比方說，為了減少弓的振動，弓道對於握弓的位置很講究；現代射箭則是在方便拉弓的中央握把處上方，加裝減少振動的裝置。

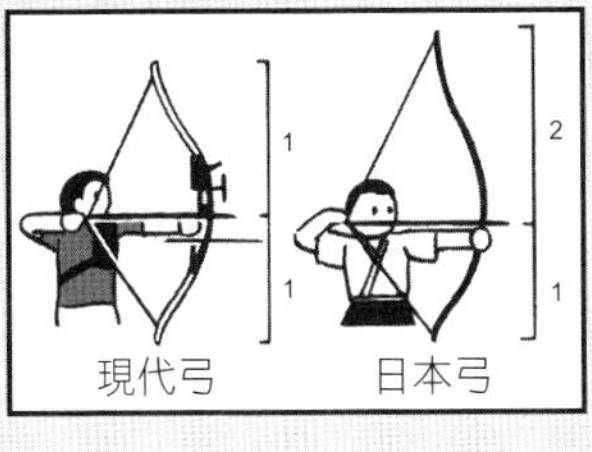
1
1
2
1
現代弓
日本弓

插圖／佐藤諭

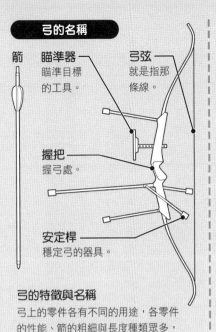

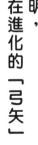

神槍手大賽

這是德國魯格P08式手槍！
我的是瓦爾薩PPK！
我的可是班特萊因特別版！
※鏘鏘！
這可是《執法悍將》裡出現過的名槍喔！
砰砰!!
哇~好棒喔！

運動高手鍛鍊機Q&A

Q 射擊是廣受全球喜愛的體育賽事。也是奧運比賽中，參加國家數最多的項目。這是真的嗎？

A

假的。參加國家最多的項目是田徑賽，第二多的才是射擊。不過射擊的確是人氣很高的比賽項目。

砰！砰！砰！
這樣就只剩下胖虎一個人了!!
應該還有三顆子彈吧……
一開始射了一槍，接著是兩槍，再來是……
嗶咻
汪！汪！汪！
吼嗚！吼嗚
砰砰砰！

A 真的。射擊空中泥盤的比賽稱為「飛靶射擊」，以前也曾經以鴿子等當作槍靶。

嘿嘿嘿
嘿嘿……
出現
你的子彈已經都用光了吧？
我可是十顆子彈全都還在呢。
因為我從一開始就躲起來了。
你好卑鄙。
少囉嗦。
反正我贏定了！
希望我打你哪邊啊？
呵呵呵呵……
頭？還是胸部？
受死吧!!
ダッ

※飛撲

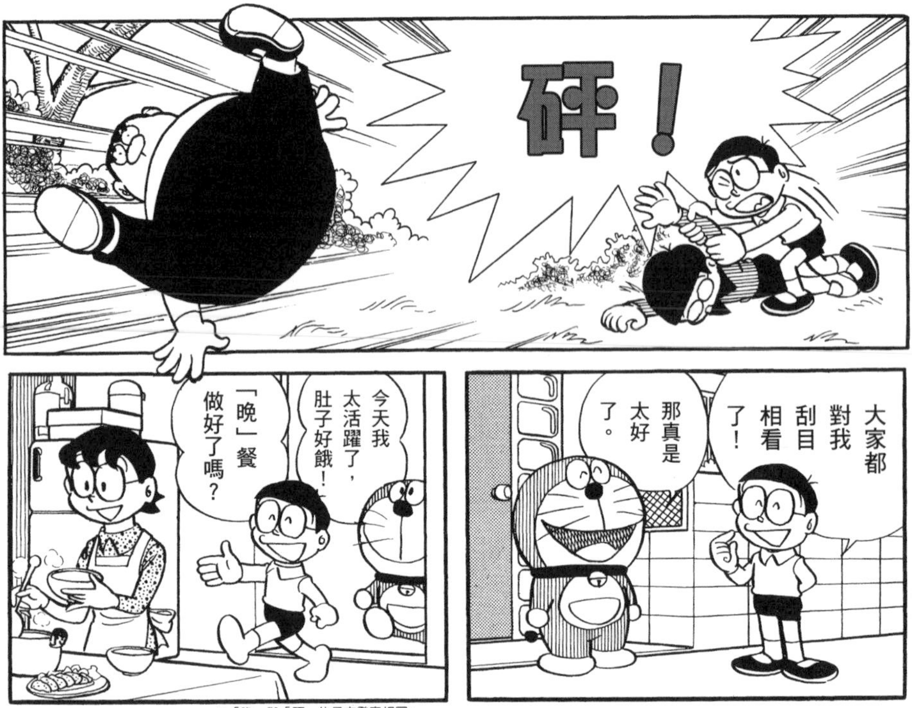
砰！
大家都對我刮目相看了！
那真是太好了。
今天我太活躍了，肚子好餓！
「晚」餐做好了嗎？

※「晚」與「砰」的日文發音相同。

你沒算清楚開過幾槍嗎？
真是奇怪了，我算錯了嗎？在那裡開一槍，接著是兩槍……
先別管那個了，媽媽什麼時候才會醒來啊？

控制自己的身心之後「擊出」

【奧運比賽項目】步槍三姿 個人（男／女）、空氣步槍（男／女／混合）等

【殘奧比賽項目】步槍、空氣步槍立姿、手槍、空氣手槍（以上均有男／女子組）、臥射（混合）等

【主要項目】射擊

射擊的基礎

插圖／杉山真理

比賽命中率的精準度

射擊的標靶很小，擊中位置有些微偏差，都會影響比賽的排名順序。因此需要具備高度的技能與專注力。

標靶的大小

插圖／加藤貴夫

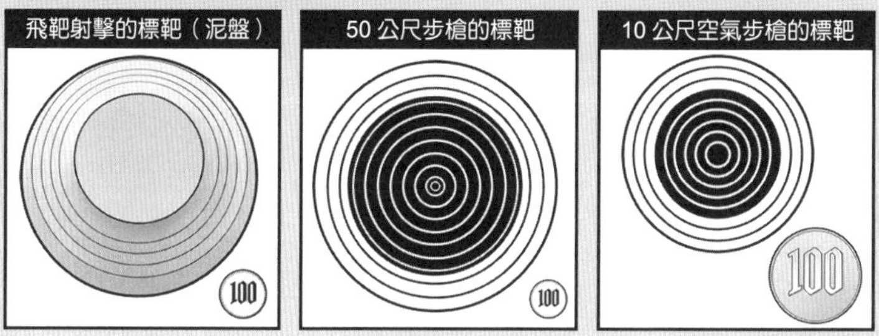
飛靶射擊的標靶（泥盤）
100
50 公尺步槍的標靶
100
10 公尺空氣步槍的標靶
100

比賽命中率 精準度是以毫米（mm）為單位

射擊比賽根據使用的槍枝種類與標靶的距離等，分成許多項目。大致上分成以步槍或手槍射擊固定靶的項目，以及以霰彈槍擊落飛靶的項目等。無論是哪一種，都需要能承受槍枝後座力的體力，以及長時間的專注力。射中標靶的位置只要有幾毫米的偏移，得分就會大不相同，因此勝負常常直到最後才見分曉，選手們的緊張連觀眾都能感受得到。

射擊比賽需要使用槍械，因此日本人對這項運動比較陌生，不過射擊項目在全世界相當受歡迎，奧運參賽國的數量是第二多，僅次於田徑賽。

射擊比賽項目

- 50m 步槍三姿個人（男／女）
- 10m 空氣步槍（男／女／混合）
- 25m 快射手槍個人（男子）
- 25m 手槍個人（女子）
- 10m 空氣手槍（男／女／混合）
- 不定向飛靶（男／女／混合）
- 定向飛靶（男／女）

需要長時間極度專注的步槍射擊

奧運射擊競賽根據使用的槍枝分成兩個項目，一種是使用長槍的「步槍射擊」，一種是單手持槍的「手槍射擊」。這兩種槍再分成真槍實彈的火槍項目，以及靠空氣擊發的空氣槍項目，射擊固定靶位。除了奧運項目之外，日本國內的全國運動會還有使用雷射步槍、不同射擊距離等，共計二十一個項目。

「五十公尺步槍三姿」項目是站在五十公尺的距離外，以「跪姿」、「臥姿」、「立姿」這三種姿勢射擊直徑十五點四四公分的標靶，射擊一百二十發。標靶上最高分的圓心直徑只有一點二四公分。「十公尺空氣步槍」是以立姿射擊六十發空氣槍比得分。標靶直徑四點五五公分，圓心是直徑只有〇點五毫米的圓點。每一種都是需要精確瞄準的競賽。

舉例來說，假設站在五十公尺外瞄準直徑一公分的圓，槍身的角度必須比正確角度偏離六十分之一度以上。

另外，選手為了承受槍枝擊發時的後座力，以及長時間維持正確姿勢，必須穿著厚重的射擊服，上下加起來大約有三至四公斤重。在這樣的條件下，還必須持續保持專注一到二小時，所以有些選手賽後的體重會因為流汗等原因少掉兩公斤。

步槍射擊三姿勢

跪姿
以單膝點地的姿勢射擊，最重要的是下半身要維持穩固。

臥姿
以匍匐在地的姿勢射擊，靠著地面能容易穩住槍身，因此最容易得高分。

立姿
以站立的姿勢射擊，相對較難保持穩定，是三個姿勢之中最容易拉開得分差距的項目。

影像提供／公益社團法人日本步槍射擊協會

選手為了擊中目標做的身體控制

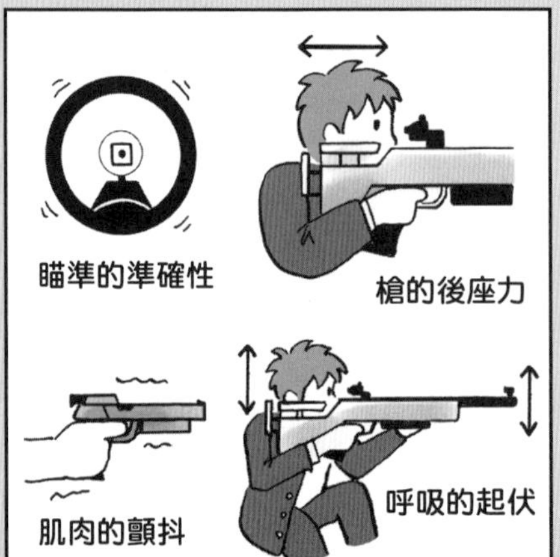
瞄準的準確性
槍的後座力
肌肉的顫抖
呼吸的起伏

插圖／佐藤諭

單手持槍 手槍射擊的細微動作

手槍射擊項目規定單手持槍。同一隻手必須扣扳機，還要承受手槍重量與後座力，因此很容易射偏。扣扳機的動作太快，容易晃動到手槍，所以最重要的是扣扳機的手指必須花幾秒鐘時間緩慢且平穩的行動。

「十公尺空氣手槍」的標靶中心直徑一點一五公分。為了避免產生任何微小的偏移，選手的專注力都提高到極限。據說一流選手光憑子彈通過槍管的手感，就能夠分辨子彈重量的不同。

「二十五公尺快射手槍」與限女子參加的「二十五公尺手槍」這兩項目，都需要具備快速連續射擊的能力。二十五公尺快射手槍要在八秒、六秒、四秒的時限內，分別射擊五個標靶。二十五公尺手槍項目則是分為在五分鐘時間射擊五發的「慢射」，以及必須三秒擊出一發的「快射」。最後依命中的總得分決定排名。無論是哪一個項目，都必須維持瞄準及射擊的節奏，因此心態調適和自我控制也會直接影響到比賽結果。

手槍射擊的特徵

持槍的姿勢

很多選手因為單手持槍不易保持姿勢，因此習慣把空下的那隻手插在口袋裡，維持穩定。

手槍的特徵

「照準器」是指瞄具。眼睛從後方的照準器（照門）對準前方的照準器（準星），瞄準目標。

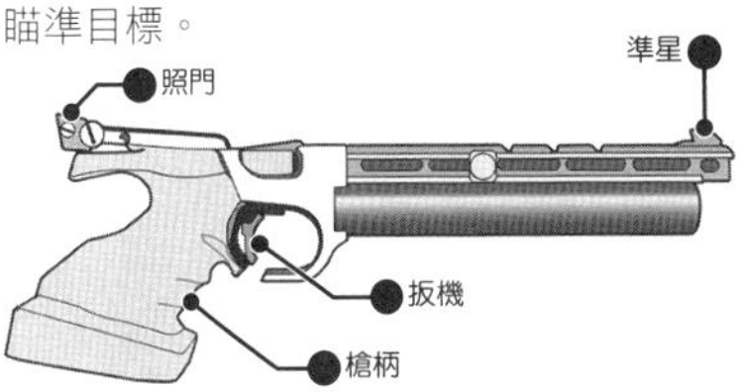

插圖／加藤貴夫

特別專欄

殘障運動的射擊項目

殘障者的射擊競賽基本規則與健全者的一樣，不過賽事有根據選手的殘障程度分級。

舉例來說，需要輪椅的選手不管是立姿射擊或臥姿射擊，都只能坐在輪椅上，但射擊桌的有無會影響到姿勢，因此比賽還是會考慮到所有選手的持槍方式，希望在公平的條件下進行。

影像提供／NPO 法人日本殘障者運動射擊聯盟

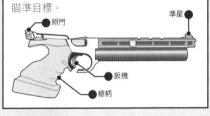

難度最高的終極競賽項目「跑射聯項」

現代五項的終極項目，也是最消耗體力的項目，就是「跑射聯項」。以雷射手槍射擊與八百公尺賽跑交互進行四次，最後抵達終點。射擊是從十公尺外的距離瞄準直徑六公分的標靶，直到擊中五次，或是超過五十秒的規定時間，才能夠進行賽跑項目。以最快的速度射中標靶五次，就可以先一步起跑，但是在全速狂奔、氣喘吁吁的狀態下，想要準確命中標靶並不容易。

這個項目正好巧妙結合了運動上的「靜與動」，也因為比賽過程中排名順序時不時都在更換，因此直到最後都無法看出勝負。

事實上，跑射聯項也是二〇一二年倫敦奧運才首度納入「現代五項」之中的新項目。過去原本分開比賽的射擊與賽跑一起進行，縮短比賽時間，也因此成為值得一看的競賽。比賽使用雷射手槍，像日本等有槍械規範的國家也方便練習，連帶增加了參與這項競賽的人口。期待「現代五項」今後會越來越熱門。

跑射的路線與射擊距離

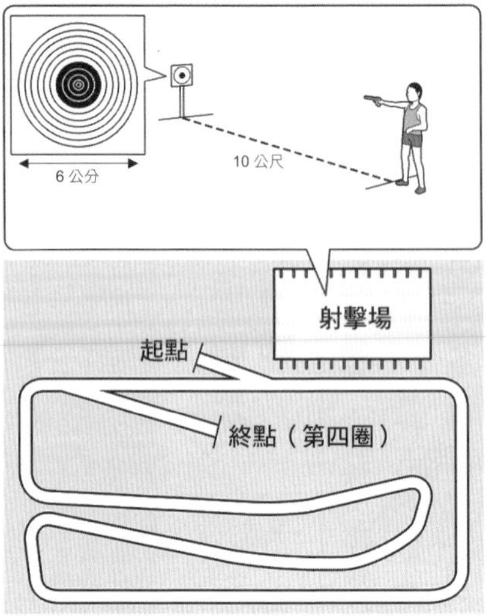

賽跑領先的選手有可能在射擊項目遭逆轉，跑射競賽的勝負直到最後才會見分曉。

插圖／加藤貴夫

特別專欄

冬季奧運會的「冬季二項」也有射擊

冬季奧運的「冬季二項」是結合「越野滑雪」與「射擊（臥姿、立姿）」的競賽項目，起源據說是把北歐的打獵和軍事訓練當成運動推廣。滑雪一圈後進入射擊場，在氣喘吁吁的狀態下要做到準確射擊，這點與夏季奧運「現代五項」的「跑射聯項」有異曲同工之妙。

影像來源／ Christian Bier via Wikimedia Commons

駕馭韁繩

像這種好天氣，
最適合騎腳踏車兜風了！
邊騎邊吹著風，真舒服。
不過就是有人不會騎，好可憐喔！
什麼嘛～
要幹嘛？
你先爬在地上吧！
？
我看看，用腳輕蹬腹部，就是往前進。
拉一下韁繩就是停下來。
你搞什麼啊!?

※如何騎馬

什麼……原來你不會騎「鐵馬」，所以想改騎真馬!?
你先聽我說嘛～
我不會騎腳踏車是有原因的……
因為它只有兩個車輪，對我來說很難控制。
而馬有四條腿，我想騎起來應該會比較簡單……
所以想先用哆啦A夢你來練習。
等習慣後，你再借機器馬給我騎。
呀喝!
你就當一下馬嘛!
哆啦A夢～
「駕馭韁繩」。
不管是狗還是貓，任何動物都可以。
把這個綁在動物身上，牠就會擁有跟馬一樣的力量與速度。

運動高手鍛鍊機Q&A

Q 拴在轡繩前方，讓馬含在嘴裡的五金稱為「馬口鐵」。這是真的嗎？

A 假的。馬含著的五金稱為「口銜」，口銜配合馬，有各式各樣的形狀。

※摔下
靜香家的佩羅應該會比較乖吧。
來，當個牛仔吧！
牠會動耶！
哪有不會動的馬啊!?
小心點，先幫我制住牠。
你們為什麼要欺負佩羅？
我們不是在欺負他啦。
只是想說用道具讓牠變成和馬一樣……
パカパッ
パカパッ
パカパッ
パカパッ
パカパッ
※馬蹄聲

Q 奧運馬術比賽，選手不分男女性別，以同樣條件競賽。這是真的嗎？

A 真的。這項比賽取決於選手與馬的互信關係，而不是體能，因此不只是性別沒有限制，選手年齡的範圍也很廣。

停下來！
好！好！
嘶嘶嘶嘶！
很少見吧？我們發現綁著韁繩的狗和貓耶！
咦？連佩羅也綁上啦？
我們去兜風吧！
パカパッ
感覺好像還不錯呢！
パカパッ
所以我一開始不就說了嗎!?
哆啦A夢你先讓我練習騎，等我習慣之後再……
跑吧，跑吧！快跑吧!!小馬。

了解自己也了解馬，才能夠「一同奔馳」

【奧運比賽項目】馬場馬術、三日賽、障礙賽（以上皆有團體／個人）
【殘奧比賽項目】個人錦標賽Ⅰ～Ⅴ級（混合）、團體公開賽（混合）、個人自選動作Ⅰ～Ⅴ級（混合）

【主要項目】馬術

馬術的基礎
引導出馬的能力
背上載著一個人，因此馬必須找到人與馬的重心，取得平衡。選手利用自然的重心轉移騎乘，盡量避免干擾馬的重心。

插圖／杉山真理

以強大力量控制精密動作，考驗專注力的運動

所謂的馬術，不是人對馬下指令，像在操作遙控器一樣操控馬的技術。馬天生就很聰明，能夠朝向目的地奔跑，有必要時就會跳過傾倒的樹幹或岩石。人如果只是跨坐在馬背上，人的體重會破壞馬的平衡，使得馬難以行動。懂得保持穩定的騎乘姿勢，藉此引導出馬與生俱來的能力，這種技術才稱為馬術。

馬會根據跑步的目的和速度，改變腳移動的方式。大致上可以分為慢慢走的「慢步」、稍微走快一點的「快步」、速度更快的「跑步」。

馬的身體也會因為不同的步伐運動方式，而有不同的振動和起伏，因此騎馬新手很難讓馬照著自己的想法移動。選手必須與馬溝通，學會配合馬的呼吸移動重心，成為馬活動時的助力，避免變成搖晃不穩的負擔。

馬術競賽的代表項目是「馬場馬術」、「障礙賽」、

馬的動態與步伐運動

慢步（walk）
步行速度是每分鐘約前進 110 公尺。馬每次向前跨出一條腿，會以四拍子的節奏移動。

快步（trot）
步行速度約是慢步的兩倍，右前腳與左後腳、左前腳與右後腳各為一組，以二拍節奏移動。

跑步（canter）
前進速度約是慢步的三倍。有時四條腿會同時離地。馬的肩膀和腰部會大幅度起伏。

插圖／杉山真理

「三日賽」這三項。這些項目都沒有男女之分，比起選手的體力，更重要的是選手與馬之間的信賴程度，以及技術熟練與否，因此也經常看到高齡選手參賽。參加過一九六四年東京奧運障礙賽的選手法華津寬，在二〇一二年倫敦奧運時就仍然被選為馬場馬術選手。

代表性的馬具

馬鞍

人坐在馬背上需要用到的道具。根據外型分為障礙賽用、馬場馬術用等。馬鞍底下用來保護馬身體的墊子叫「汗墊」。

口銜

馬咬在嘴裡的金屬物，連接韁繩，協助人與馬溝通的重要用具。為了避免讓馬不高興，必須配合馬的個性選擇。

影像提供／日本馬事普及（股）公司

比賽人馬合一的美感「馬場馬術」

馬場馬術（台灣以外的華語區多稱「盛裝舞步」）是在賽場內表演，展現藝術性與準確性的比賽。一般認為選手對馬打的暗號，應該低調到觀眾看不見，最好看起來像是馬主動在跳舞一樣。

馬場馬術的馬不是處於自然狀態，而是會使用許多獨特的步伐動作。例如抬高腳踩著節奏的「原地踏步」、以後腳為中心繞圈的「定後肢迴旋」、左右腳輪流斜向移動的「斜橫步」等。

馬場馬術使用的華麗步伐

原地踏步
(piaffe)
定後肢迴旋
(pirouette)
斜橫步
(half-pass)

插圖／佐藤諭

殘奧項目中，唯一的評分競賽

殘障者馬術競賽大約有七十年歷史。膝蓋以下不能動的丹麥女騎手莉絲．哈戴（Lis Hartel）在一九五二年和一九五六年的夏季奧運上，兩度奪下銀牌，因此引起民眾對於殘障者參與馬術競賽的關注。

馬術成為殘障者競賽到現在，有許多與健全選手相同的比賽項目，規則中允許配合選手的殘障情況製作馬具。而殘障奧運會的馬術競賽只有馬場馬術這項，這也是殘奧所有競賽項目中，唯一根據藝術性與準確性評分的比賽。

▼丹麥的莉絲．哈戴選手。這也是馬術競賽第一次有女性奪牌。

影像來源／photographer of IOC via Wikimedia Commons

配合殘障情況的特殊馬具

◀「握把轡繩」是設計來單手操控的特殊馬具。其他還有讓馬靴固定在馬鐙（或稱腳鐙）上的橡皮圈或安全鐙（腳鐙罩）、把馬鞭固定在手上的橡皮圈等工具。

影像提供／一般社團法人日本殘障者馬術協會

「障礙賽」跳躍的障礙最高可達一百六十公分

障礙賽（或稱「障礙超越賽」）是讓馬依序跳過設置在賽場上的各類障礙物，並在規定時間之內抵達終點的競賽。馬碰落障礙物的橫杆或磚塊，或是避開障礙物沒有跳，都會扣分。扣分少且越快抵達終點的選手獲勝。障礙物最大尺寸高一百六十公分、厚度超過兩百公分。發揮最大力量跳過障礙的當然是馬，但負責記住障礙物的順序，思考利於助跑路線的仍然是人。這項比賽考驗的是人與馬的頭腦，以及運動能力的協調程度。

殘障者馬術的路線

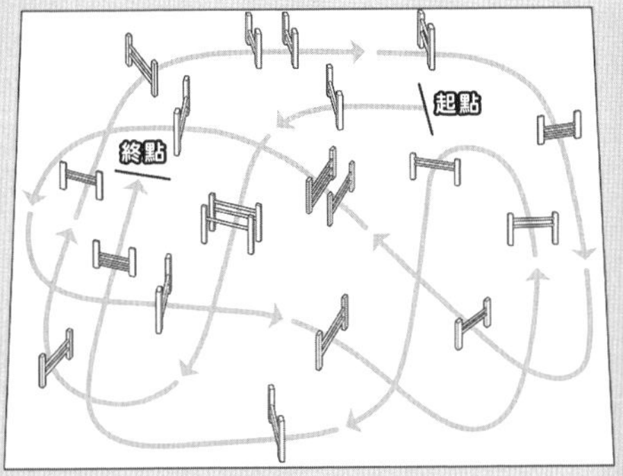

▲殘障者馬術的路線範例之一。實際上沒有圖上的箭頭路線，選手必須思考出走法並告訴馬，按照既定順序跳躍障礙。

插圖／加藤貴夫

影像來源／Smudge 9000 via Wikimedia Commons

▲三日賽是連續三天以同一匹馬進行的比賽，人與馬都必須學習廣泛的各種技術。

第一天	馬場馬術。馬配合選手的指示，展現彈性與優雅。
第二天	越野障礙賽。在規定時間之內跑完困難的路線。
第三天	障礙賽。最後要跳躍設置在賽場內的10～13個障礙物。

加上越野障礙賽連續進行三天的「三日賽」

三日賽是要在三天之內依序進行馬場馬術、越野障礙賽、障礙超越等三項比賽。越野障礙賽是要穿越沿途設置竹柵欄、綠籬、水池、溝渠、圓木等四十個以上障礙物的六公里長路線的比賽。這三項皆以扣分制計分，最後是總扣分最少者獲勝。結束高難度越野障礙賽的隔天，需要請獸醫檢查馬的身體，只有經過妥善照料的馬，才能夠挑戰最後的障礙賽。這項競賽除了考驗人與馬的體力和精力外，也重視健康管理。

後記

大雄可能變成運動全能嗎？

日本女子體育大學校長、教育學博士　深代千之

東京大學名譽教授。一般社團法人日本體育學會會長、日本生物力學學會會長。從頂尖運動員的動作解析到兒童運動能力開發方式都有研究，提倡「文武雙全」的運動科學觀念。著作眾多，包括《「知識」論運動：東大出版會》等。

這個標題的答案是YES！

不管是怎樣的孩子，一定都能夠提升運動三要素：①靈巧②毅力③力氣。當中的①靈巧，這一點只要比較自己的慣用手與非慣用手就能夠得證。慣用手因為經常使用（也就是練習），所以動作俐落。在日本，大部分人從小學的就是右手拿筷子、左手拿碗，因此右撇子比較多。問題是，慣用手的右手一旦骨折，我們就必須以非慣用手的左手進行各種日常動作。左手不好拿筷子，你就會想用叉子或湯匙吃飯吧。但是如果強迫左手練習拿筷子的話，左手也能漸漸拿得很好。這是因為你做了練習，學會了①靈巧。

不管是打陀螺、投球、足球的盤球，只要經過練習都能夠變得更拿手。沒有哪個孩子是一出生就擅長這些東西。

讓孩子們接觸各種運動，你會發現有些孩子運動神經很好，也就是所謂的天才。這是因為孩子打出生到現在，做過各種練習，腦子裡記住了大量靈巧行動的模式；每次挑戰新的動作時，孩子會適當代入那些記憶使用，所以很快就能辦到，絕不是因為他們天生就是天才。也就是說，各位要明白靈巧、俐落、笨拙不是遺傳，而且我希望你們學到本書說明的祕訣，體驗科學上的靈巧。說穿了，背九九乘法表和國字也是利用腦的記憶力，所以後天學習當然也能成功。多數

歐美人士都不會用筷子，也不會九九乘法表，但這兩樣每個日本人都會。我相信這麼說，各位一定能懂我的意思。

本書的小學生讀者們，請嘗試把各種動作練習到很拿手吧；用不著強度多高的訓練，覺得累就休息也無妨。但是，第二天要以全新的狀態再次挑戰，持續練習到你能夠做到你的目標動作為止。這麼一來，你能夠完美做到的動作就會越來越多。這裡我所謂的越來越多動作，指的不是運動項目，而是跑、跳、投擲、踢、打擊等基本動作。在你嘗試這些動作的過程中，你會找出自己擅長與不擅長的動作。例如：你擅長投擲、踢，之後只要選擇大量使用自己擅長動作的運動（比方說，擅長投擲或打擊就選棒球；擅長踢就選足球），你就有機會遇到最能發揮自己長才的運動。選好運動後，培養肌力，增強力氣，做做高強度間歇運動等吃力的訓練提高耐力和毅力，就行了。我敢保證只要按照這樣的步驟，包括大雄在內的大多數人一定都可以樂在運動。

這種想法之所以無法實現，通常是因為①升學考試壓力，以及②家長的死腦筋。通過筆試考上好學校才是第一要務，運動等考上之後再接觸就好，這種食古不化的想法，使孩子錯過了最適合培養靈巧的時期（小學時期）。再者，父母認為自己不擅長運動，因此誤以為這種不擅長也會遺傳給孩子。不擅長運動的父母只是缺乏練習，遺傳也只是藉口。

本書的出版就是為了糾正多數人的誤會，告訴各位可以透過科學學會靈巧。

最後我想說的是，除了念書之外，運動的靈巧也會影響腦部的發展。人類經過六百萬年的演化，腦容量逐漸變大；腦變大，智力當然也會跟著提升。但是腦變太大的話，會造成負責支撐的骨骼與心肺功能負擔，影響生存。因此，為了避免腦容量變得過大，腦在演化時選擇分成左腦和右腦，各司其職，提升使用效率。左腦控制右手（慣用手），就使得右腦可以比較悠閒，能夠去駕馭其他運動，慣用手的存在與腦的分化密切相關。人類能夠視情況分別使用左腦與右腦，也因此得以學到語彙、邏輯思考、空間認知等各種能力。

在運動方面要變得俐落靈巧，就等於去認識念書也學不到的東西，了解不明白的事物。我希望各位記住一個再理所當然不過的道理——只要有心，你一定能夠文武雙全。

哆啦A夢科學任意門 21

運動高手鍛鍊機

●漫畫／藤子・F・不二雄
●原書名／ドラえもん科学ワールド—— スポーツの科学
●日文版審訂／Fujiko Pro、深代千之（日本女子體育大學校長）
●日文版撰文／窪內裕、丹羽毅、上村真撤、新村德之、榊原久史、榎本康子、松本淨
●日文版撰文協助／目黑廣志　●日文版版面設計／bi-rize
●日文版封面設計／有泉勝一（Timemachine）　●日文版編輯／菊池徹

●翻譯／黃薇嬪
●台灣版審訂／陳膺成

發行人／王榮文
出版發行／遠流出版事業股份有限公司
地址：104005 台北市中山北路一段 11 號 13 樓
電話：(02)2571-0297　傳真：(02)2571-0197　郵撥：0189456-1
著作權顧問／蕭雄淋律師

【參考文獻、網頁】
《從科學的角度談談運動吧！》（深代千之監修／PHP 研究所）、《讓你更擅長運動的秘訣百寶袋》（深代千之監修／少年寫真新聞社）、《培育擅長運動的孩子：365 個小故事》（日本體育學會監修／誠文堂新光社）、《兒童大百科運動項目圖鑑》（望月修指導／小學館）、《提升運動表現的力學》（八木一正／大河出版）、《擊劍入門》（日本擊劍協會／Baseball Magazine 社）、《掌握勝利！競速划船中提升單槳、雙槳表現的 50 個秘訣》（日本競速划船協會監修／Mates 出版）、《競速划船》（須藤武幸／講談社）、《比賽規則的奧秘！奧林匹克、帕拉林匹克比賽項目全集》（日本奧林匹克學院監修／Poplar 社）、《圖解運動大百科》（François Fortin、室星隆吾／悠書館）、《射箭學習手冊》（全日本射箭聯盟／講談社）、《乘馬をはじめよう》（瀨理町芳雄監修／高橋書店）、《圖解障礙馬術的基礎》（Jane Wallace, Perry Wood／綠書房）、《圖解馬場馬術的基礎》（Jane Wallace, Judy Harvey, Michael Stevens／綠書房）、東京 2020 奧林匹克運動會官方網站、日本拳擊委員會網站

2021 年 6 月 1 日 初版一刷　2024 年 4 月 1 日 二版一刷
定價／新台幣 350 元（缺頁或破損的書，請寄回更換）

ISBN 978-626-361-499-4
遠流博識網 http://www.ylib.com　E-mail:ylib@ylib.com

◎日本小學館正式授權台灣中文版
●發行所／台灣小學館股份有限公司
●總經理／齋藤滿
●產品經理／黃馨瑝
●責任編輯／李宗幸
●美術編輯／蘇彩金

國家圖書館出版品預行編目(CIP)資料

運動高手鍛鍊機 / 藤子・F・不二雄漫畫；日本小學館編輯撰文；黃薇嬪翻譯. -- 二版. -- 台北市：遠流出版事業股份有限公司, 2024.4
面；　公分. --（哆啦A夢科學任意門；21）

譯自：ドラえもん科学ワールド：スポーツの科学
ISBN 978-626-361-499-4（平裝）

1.CST: 生物力學　2.CST: 漫畫

361.72　　113000964

DORAEMON KAGAKU WORLD—SPORTS NO KAGAKU
by FUJIKO F FUJIO

※本書為 2020 年日本小學館出版的《スポーツの科学》台灣中文版，在台灣經重新審閱、編輯後發行，因此少部分內容與日文版不同，特此聲明。